AF309902

L'ÉDUCATION

LA

COMPTABILITÉ

MÉTHODE PRATIQUE ET FACILE

PAR

M. CLAPERON

Professeur à l'École des Hautes Études commerciales
au Collège Chaptal
à l'École J.-B. Say, à l'École coloniale

PARIS

LIBRAIRIE DES PUBLICATIONS MODERNES

1891

LA COMPTABILITÉ

CHAPITRE PREMIER

1. DÉFINITION DE LA COMPTABILITÉ

La comptabilité *commerciale*, *industrielle* ou *administrative* embrasse l'ensemble des *bureaux* ou *services* d'une maison ou d'une administration, dans leurs rapports avec les opérations qui y ont été exécutées.

Elle s'occupe de l'organisation des *bureaux* ou des *services*, du contrôle à exercer sur les agents qu'ils emploient, de la rédaction des documents ou pièces comptables, de la tenue des Livres, de la marche et du jeu des comptes, des renseignements qu'ils doivent fournir pour la bonne direction des affaires, de leur centralisation, qui permet d'arriver plus facilement à la reddition des comptes et plus rapidement à l'établissement de la situation que l'on a en vue.

2. DÉFINITION DE LA TENUE DES LIVRES

La *Tenue des Livres* est l'art d'enregistrer, sur des livres préparés à cet effet, toutes les opérations d'une maison de commerce, d'industrie, de banque, d'une administration, d'un service public ou privé.

Cet enregistrement doit être clair, net et précis.

3. LIVRES EXIGÉS PAR LA LOI

La loi a imposé aux commerçants l'obligation de tenir *trois* livres :

1º *Un Journal* qui doit relater jour par jour toutes les opérations faites par le commerçant ;

2° *Un Livre d'Inventaires* où il doit transcrire chaque année l'exposé de sa situation, divisée en Actif et en Passif, et le *Compte de ses Pertes et Profits*.

3° *Un Copie de Lettres* où il doit copier toutes les lettres qu'il écrit.

Il doit mettre en liasse toutes celles qu'il reçoit.

4. FORMALITÉS AUXQUELLES SONT ASSUJETTIS CES LIVRES

Ces livres doivent être :

1° Tenus par ordre de dates, sans blancs, lacunes, transports en marge, ratures, surcharges, grattages.

2° Les deux premiers seuls seront : *cotés, paraphés, visés* avant qu'il en soit fait usage, par un Juge au tribunal de commerce, par le maire ou un adjoint.

3° Paraphés et visés chaque année après l'Inventaire.

La *cote* consiste à numéroter chaque feuille;

Parapher consiste à mettre à côté de la cote le paraphe du juge.

Le *visa* consiste à mettre *vu, à dater* et *à signer*.

Les commerçants sont obligés de garder leurs livres et leurs documents pendant dix ans.

5. SANCTIONS

Le commerçant qui ne tient pas de Livres peut être déclaré *banqueroutier simple*, s'il vient à tomber en faillite.

Celui qui les falsifie ou les fait disparaître sera déclaré *banqueroutier frauduleux*.

Le dernier encourt la peine des travaux forcés; le premier, celle de la prison.

En cas de contestation avec un autre commerçant, il s'expose à perdre ses procès si ses livres sont mal tenus ou s'il n'en a pas.

6. COMMUNICATION DES LIVRES

La communication des livres peut être ordonnée dans les cinq cas suivants: *Succession, Communauté, Partage de Société, Liquidation judiciaire, Faillite*.

Elle consiste dans la remise des livres à la *contre-partie*, afin qu'elle puisse les parcourir en entier.

7. REPRÉSENTATION

La représentation est l'exhibition de la partie spéciale des livres concernant le différend.

Remarques :

Il y a lieu de faire observer que la loi n'impose aucune méthode de Tenue de Livres.

Elle laisse toute liberté pour les formules à employer et pour l'ordre où doivent être inscrites les opérations d'un même jour.

Nous devons ajouter que, dès qu'une maison est un peu importante, il est impossible de passer, à la suite les unes des autres, les opérations en *suivant l'ordre des dates.*

Dans ce cas, chaque *bureau* tient son journal particulier qui est centralisé par jour où à certaines époques intermittentes, souvent une seule fois par mois.

Les comptables qui ont vu une difficulté dans l'application de l'article 8 du code de commerce doivent penser, avec nous, qu'il est très facile d'accomoder la pratique avec la loi; il suffit en effet de donner le nom de journal à leurs livres journaliers courants, de les appeler d'après le genre d'opérations qu'ils reçoivent : *Journal d'achats,* — *Journal de ventes,* — *Journal de caisse, etc.,* puis de passer toutes les écritures de ces livres spéciaux dans un journal central, par jour, par semaine, ou même par mois.

Nous ne craignons pas d'affirmer qu'ils seront en règle avec le code.

CHAPITRE II

8. INSTRUMENTS EN USAGE DANS LA TENUE DES LIVRES

Les instruments en usage sont : 1º les documents ou pièces comptables; 2º les livres.

9. DOCUMENTS OU PIÈCES COMPTABLES

On désigne sous ce nom les écrits constatant une opération commerciale, un mouvement de marchandises, de fonds, d'effets, de valeurs, où un règlement quelconque.

Les pièces comptables en usage dans les affaires sont : les *factures,* —

les *reçus*, — les *effets de commerce*, — les *warrants*, — *les borde-reaux d'escompte*, — les *bordereaux d'agents de change*, — les *relevés de comptes courants et d'intérêts*, — les *comptes de liquidation*, — les *lettres de voitures*, — les *récépissés*, — les *connaissements*, etc.

La pièce comptable justifie l'écriture passée ; elle prouve l'exactitude et la régularité des écritures ; elle est classée aux archives.

Quel que soit le mode de classement adopté, il doit permettre de retrouver rapidement et facilement le document cherché.

10. LIVRES

Au point de vue de la tenue des livres, on divise les livres :
1° *En livres auxiliaires;*
2° *En livres principaux.*

11. LIVRES AUXILIAIRES

Les *Livres auxiliaires, Journaux auxiliaires, Feuilles auxiliaires* sont des livres ou des documents comptables sur lesquels s'enregistrent les opérations commerciales, au fur et à mesure qu'elles se produisent.

Pour faciliter leur travail, il arrive assez souvent que les employés ont entre les mains des feuilles séparées qui sont reliées tous les 8 ou 15 jours, ou tous les mois, afin d'en former les livres auxiliaires; d'autres fois, les livres auxiliaires se font en double. L'un, pour les lundis, mercredis et vendredis; l'autre pour les mardis, jeudis et samedis. On dit aussi livres des jours pairs, et livres des jours impairs.

Les livres auxiliaires se divisent en :
1° Livres auxiliaires de tenue des livres.
2° Livres auxiliaires d'ordre.

12. LIVRES AUXILIAIRES DE TENUE DES LIVRES

Les principaux livres auxiliaires de tenue des livres, sont :
1° Le livre de *Caisse* ou journal de caisse;
2° Le livre des *Achats* ou journal d'achats ;
3° Le livre des *Débits* ou journal des ventes ;
4° Le livre d'*Entrée* ou *Sortie* des effets à recevoir, ou journal du portefeuille.
5° Le copie d'*Effets* à payer (entrée et sortie).
6° Le *Journal d'annotations, livre de bureau, main courante* où l'on devra écrire toutes les opérations ou les notes qui ne pourront être

placées dans les livres ci-dessus et celles qui sont extraites de la correspondance.

Au lieu de tenir un journal d'annotations, quelques maisons préfèrent créer dans les autres livres auxiliaires des colonnes spéciales pour les escomptes, les rabais, etc.

13. LIVRES AUXILIAIRES D'ORDRE

Les principaux livres auxiliaires d'ordre sont :

1º *Les livres de commission;*
2º *Les magasiniers;*
3º *Les livres d'expéditions;*
4º *Les carnets d'échéances,* d'effets à recevoir et d'effets à payer.

Il peut exister beaucoup d'autres livres auxiliaires variant avec le genre d'affaires que l'on envisage.

14. LIVRES PRINCIPAUX

Les livres principaux sont ceux dans lesquels sont centralisées toutes les écritures; ils résument à eux seuls toute la tenue des livres.

Ils sont au nombre de trois.

1º Le *Grand Livre,* où s'enregistrent toutes les opérations de la maison par ordre de valeurs et de correspondants;

2º Le *Journal,* où elles sont classées par ordre de dates;

3º Le *Livre des inventaires,* où est exposée la situation de la maison, ainsi que le compte de *Profits et Pertes* qui doit justifier les changements produits sur le capital d'un exercice à l'autre.

CHAPITRE III

15. ORGANISATION D'UNE MAISON DE COMMERCE

Lorsqu'une maison de commerce, d'industrie, une banque ou une administration occupe un personnel nombreux, elle le répartit en bureaux ou services ayant chacun une affectation spéciale; les agents d'un bureau concourent à sa marche régulière, et par suite à celle de l'affaire tout entière.

Dans toute maison de commerce bien organisée, on rencontrera, réunis ou divisés, les bureaux ou les services suivants :

16. SERVICE DES MARCHANDISES

Ce service comprend :

1º L'achat, la réception, la vérification à l'arrivée et la mise en place des marchandises;

2º Les ventes, les débits à la tribune, les livraisons et les expéditions des marchandises.

3º Le service de la vérification des quantités de marchandises entrées et de marchandises sorties.

17. BUREAU DES COMPTES DES FOURNISSEURS

Ce bureau recevra la note des achats avec les noms des vendeurs et la date à laquelle les factures devront être payées;

Il les portera au crédit des fournisseurs, dont il tiendra les comptes ;

Il acceptera les traites fournies après s'être assuré que leur montant concorde bien avec les sommes dues;

Il remettra, en temps utile, à la caisse la note exacte des factures à payer.

Chaque jour, il transmettra à la comptabilité centrale : 1º Le montant des achats; 2º Le montant des traites acceptées; 3º Les escomptes ou les rabais accordés par les fournisseurs.

18. BUREAU DES COMPTES DES ACHETEURS

Ce bureau recevra la note du montant des ventes avec les noms des acheteurs et les dates d'échéances des factures ;

Il les portera au débit des clients;

Il fournira sur eux les traites aux échéances des factures;

Il remettra aux caissiers les factures ou les relevés aux époques où ils devront être encaissés;

Il remettra à la comptabilité centrale : 1º Le montant des débits; 2º Le montant des traites fournies avec ces traites à l'appui; 3º Le montant des escomptes et rabais; 4º Le montant des retours de marchandises.

19. SERVICE DE LA CAISSE

Le service de la caisse sera fait par les caissiers, qui paieront et encaisseront sur le vu des pièces justificatives.

Chaque jour il remettra à la comptabilité centrale le montant de ses recettes et de ses dépenses avec l'imputation spéciale qui doit en être faite.

Il remettra également aux bureaux des acheteurs et des vendeurs le montant exact des sommes reçues et payées, avec les noms des fournisseurs et des clients.

20. BUREAU DES EFFETS

Ce bureau recevra les effets à recevoir des diverses sources qui les produisent;

Il les vérifiera en s'assurant de la régularité des libellés des effets, des endos, des timbres;

Il les inscrira ensuite au livre d'entrée des effets à recevoir et les classera dans le portefeuille.

Suivant les usages ou les besoins de la maison, il les remettra au banquier ou à la caisse, qui les fera encaisser ou s'en servira pour régler les fournisseurs.

Il les inscrira à la sortie du copie d'effets à recevoir.

21. BUREAU DE LA COMPTABILITÉ CENTRALE

A ce bureau aboutiront tous les renseignements concernant les achats, les ventes, les recettes, les paiements, les effets entrés en portefeuille, les effets sortis, les traites acceptées et les billets souscrits, les escomptes et les rabais qui nous ont été accordés, et ceux que nous avons accordés.

En un mot tous les renseignements permettant de composer la situation générale d'une affaire.

CHAPITRE IV

Comptabilité des Marchandises

22. ACHATS DES MARCHANDISES

Les achats sont faits par le patron ou par des employés sur offres qui leur sont soumises ou sur demandes qu'ils adressent.

Ces demandes peuvent être verbales, faites par correspondance ou par une note de commission.

Lors de l'arrivée des marchandises au magasin, les réceptionnaires les vérifient, s'assurent qu'elles répondent bien, comme quantité et comme qualité, à la commande.

Selon les cas, ils les placent ensemble dans le magasin, ou les répartissent dans diverses parties de la maison ou dans des cases à ce destinées.

23. JOURNAL D'ACHATS

Les marchandises reçues, vérifiées et placées, les factures seront reportées au journal auxiliaire des *achats,* dont voici le modèle :

Journal des Achats ou Livre des Achats

DE LA MAISON COGER

Commencé le 1er Juin 1890

N°s DES FACTURES	FOLIOS DU COMPTE DES VENDEURS	F°s DU JOURNAL	MOIS DE JUIN	Fr.	C.	Fr.	C.
			1er JUIN				
1	117	21	Avoir ROULLAY F°°, 24, quai Béthune. W.				
			10 pièces de Bordeaux ordinaire à 175 fr...	1.730	»		
			12 — — vieux à 240 fr.......	2.880	»	4,630	»
			12 JUIN				
2	124	41	Avoir DUBOS, 8, rue de Macon, à Bercy				
			15 pièces de Graves à 180 francs la pièce...	2.700	»		
			12 — de Saumur à 118 francs la pièce...	1.416	»		
				4.116	»		
			27 fûts à 5 francs l'un......................	135	»		
			Frais de transport, 1 fr. 50 par pièce.......	40	50	4,291	50
			13 JUIN				
3	132	64	Avoir HUDE, à Issy-sur-Seine.				
			20 pièces de Chablis à 130 francs...........			2.000	»
			25 JUIN				
4	105	85	Avoir VERNIER, 12, quai de la Rapée.				
			300 hectolitres d'alcool 90° à 35 fr. l'hectolitre.	10.500	»		
			Bonification 2° à 0 fr. 35 par degré.........	210	»	10.290	»
			TOTAL des achats du mois...			21.811	50

Les facturés seront classées au biblorhapte ou d'après tout autre mode qui serait adopté.

24. VENTES DES MARCHANDISES

Les ventes faites par les employés qui en sont chargés, seront annoncées à la tribune. Les tribuns les enregistreront dans les livres dont le modèle suit :

Pour faciliter le travail, on se sert de feuilles volantes au lieu de livres ; ces feuilles volantes sont reliées, par huitaine, par quinzaine, ou par mois.

Chaque tribun est désigné par un numéro d'ordre ou un numéro de contrôle, dont le but est de connaître le tribun qui a fait le débit et de le rappeler au bon ordre et aux bons soins en cas d'erreurs.

Journal des Ventes ou Livre des Débits

DE LA MAISON COGER

Commencé le 1ᵉʳ Juin 1890

Nᵒˢ DE CONTROLE	Nᵒˢ DES FACTURES	FOLIOS DU COMPTE DÉBITER au Grand Livre	FOLIOS DU JOURNAL	MOIS DE JUIN		
				— 4 JUIN —		
52	1	210	27	Doit LARUE, 27, rue Royale.		
				10 pièces de Bordeaux à 190 fr. l'une..	1.900 »	
				10 fûts à 5 francs......................	50 »	1.950 »
				— 15 JUIN —		
52	2	256	66	Doit CHAUVET, 39, boul. des Capucines		
				12 pièces de Bordeaux vieux à 265 fr...	3.180 »	
				5 — de Graves — à 210 fr. .	1.050 »	
					4.230 »	
				17 fûts à 5 francs l'un..................	85 »	
				Transport : 2 fr. 50 par pièce.........	42 50	4.357 50
				— 28 JUIN —		
3	3	287	89	Doit GURAT, 25, rue Joubert. E. V...		
				20 pièces de Chablis à 150 francs......	3.000 »	
				10 — de Graves à 210 francs.......	2.100 »	
					5.100 »	
				30 fûts à 5 francs l'un.................	150 »	
				Transport : 2 fr. 50 par pièce.........	75 »	5.325 »
				TOTAL des Ventes du Mois...		11.632 50

Le tribun prendra l'adresse exacte du client; dressera la facture, s'il y a lieu, l'acquittera si le client paie comptant; s'il ne paie pas comptant, la facture lui sera remise en temps utile soit par la poste, soit par le livreur.

Ces factures passeront toutes à l'expédition.

25. EXPÉDITION

L'expédition tiendra un livre de contrôle afin de s'assurer que toutes les expéditions ont bien été faites.

Ce livre renferme les numéros des tribuns, le nom de l'expéditeur, c'est-à-dire de l'employé chargé de prendre les marchandises au magasin ou dans les cases; le nom du livreur, c'est-à-dire du garçon de peine chargé de les faire parvenir aux domiciles des acheteurs ou aux messageries, ou aux chemins de fer.

La date de la livraison permet de s'assurer que toutes les marchandises débitées ont bien été livrées.

Livre des Contrôles d'expéditions

NUMÉROS des TRIBUNS	NOTATION des FACTURES	NOMS		DATES des LIVRAISONS	
		DE L'EXPÉDITEUR	DU LIVREUR		
856	Paris	Caron.	Dupont.	1er	Juin.
1805	Province	Vergnet.	Laurent.	5	—
654	Etranger	Olivier.	Thomel.	7	—

26. RENDUS

Les rendus ou les retours des marchandises seront contrôlés et vérifiés par un employé chargé de ce service.

Ils seront replacés dans leurs magasins respectifs, qui les reprendront en charge.

Ces rendus seront, après vérification, enregistrés sur un livre spécial qui sera totalisé.

Le total des rendus, venant en déduction des factures, sera contrôlé par la caisse et par le bureau des débiteurs.

27. DU MAGASINIER

Le *Magasinier* est un livre auxiliaire d'ordre destiné à donner l'état des quantités de marchandises entrées dans une maison et de celles qui en sont sorties.

Selon la nature de l'affaire, le magasinier peut n'avoir qu'une seule sorte de marchandises ; par exemple, dans une usine, les magasins à charbon ne renferment que du charbon.

Il peut n'en avoir que quelques sortes ou bien un grand nombre de sortes, comme par exemple dans un magasin d'épicerie ; — dans les grands magasins du Louvre, — dans ceux du Bon Marché.

Sa forme est très variable.

Un bijoutier ne tiendra pas son magasinier de la même manière qu'un marchand de fonte.

Chez le premier, chacun des objets portera une étiquette avec un numéro d'ordre qui sera reproduit sur le livre de magasin avec la désignation de l'objet et son prix de revient.

La sortie des marchandises devra toujours être faite par une seule personne de confiance ; si tous les employés pouvaient écrire sur ce livre, d'aucuns pourraient être tentés d'opérer la sortie de bijoux enviés.

L'inscription de sortie une fois faite par l'employé infidèle, il serait très possible qu'on ne s'aperçût que trop tard de leur disparition. En effet un patron ayant confiance dans la probité de son personnel voyant l'objet n° 584, par exemple, sorti, avec un certain prix, n'aura, le plus souvent pas l'idée de s'assurer si ce numéro a été réellement vendu.

Chez le second, on pèsera simplement la fonte à l'entrée et à la sortie ; on fera l'inscription ensuite. Il y a peu de dangers de vols ; s'il s'en produisait, ce serait par suite du manque de surveillance dans les pesées soit à l'entrée, soit à la sortie. Il faudrait s'en prendre au magasinier chef, gardien responsable des quantités de fontes achetées et vendues.

28. CARNET DES CHEFS DE MAGASINS, OU JOURNAL DE MAGASIN

Tous les chefs de magasin seront pourvus de carnets destinés à suivre l'entrée et la sortie des marchandises dont ils ont la charge

N° DE LA PIÈCE COMPTABLE	ESPÈCES de MARCHANDISES	ACHETÉ DE.......... ou LIVRÉ A.............	QUANTITÉ		DÉTAIL	
			Détail	TOTALE	Détail	TOTAL

Les carnets des chefs de magasin sont remis chaque jour à la comptabilité matière, qui dresse un journal des quantités sorties et entrées et les reporte ensuite au grand livre des magasins.

Si l'affaire est de moindre importance, on ne fait pas de journal, on porte directement des carnets des chefs de magasin au magasinier.

29° ENTRÉE DE MARCHANDISES AU MAGASINIER

L'entrée des marchandises se place à gauche ; elle sera faite d'après une note ou d'après le carnet du magasinier chef, qui reconnaîtra de la sorte avoir reçu les marchandises ; cette note sera contrôlée par les factures ou les notes de poids.

30° SORTIE DES MARCHANDISES DU MAGASINIER

La sortie s'opérera à la suite des ventes ou des ordres reçus des chefs de service de livrer à la fabrication ou aux travaux les objets vendus ou destinées à être mis en œuvre.

Elle est placée à droite du livre.

ENTRÉES   DÉSIGNATION DES

NUMÉROS D'ORDRE	DATES D'ENTRÉES	NUMÉROS DU COLIS	VENDEURS NOMS ET ADRESSES	QUANTITÉS		PRIX		
				Détail	Totales	Unité	Détail	Mensuel

MARCHANDISES   SORTIES

NUMÉROS D'ORDRE	DATES D'ENTRÉES	NUMÉROS DU COLIS	ACHETEURS NOMS ET ADRESSES	QUANTITÉS		PRIX		
				Détail	Totales	Unité	Détail	Mensuel

Pièces comptables relatives aux Marchandises

31. DES FACTURES

La facture est la note détaillée des marchandises vendues, que le vendeur remet à son acheteur.

Faite par le vendeur, elle est remise de la main à la main à l'acheteur ou elle lui est adressée par la poste comme papiers d'affaires.

32. DIVERSES SORTES DE FACTURES

On divise les factures comme suit :
1° Factures de place ;
2° Factures d'expédition ;
3° Factures ou comptes d'achats et de vente des commissionnaires.
Toutes se divisent en deux parties bien distinctes, savoir :
1° L'entête;
2° Le corps.
Les factures de commissionnaires se composent d'une troisième partie : les frais comprenant l'emballage, la commission, etc.

En vue d'éviter des discussions aussi désagréables qu'onéreuses, il est nécessaire de résumer dans l'entête de la facture toutes les conditions de la vente, au point de vue *du lieu de vente,* de la *valeur,* du mode de paiement, des escomptes ou rabais.

33. FACTURES DE PLACE

Une facture de place est faite pour le lieu habité par l'acheteur et par le vendeur.
On doit y trouver les renseignements suivants :
1° Le lieu et la date de livraison ;
2° Le nom et l'adresse du vendeur ;
3° Le nom et l'adresse de l'acheteur, suivis ou précédés du mot *Doit ;*
4° Les conditions de paiement : époque, escompte ou rabais ;
5° Le détail des marchandises;
6° Le total de la facture.

Modèles de Facture de place

GEORGE ROWNEY & Co

10 ET 11, PERCY-STREET — LONDON

COULEURS FINES

PARIS — 57, Rue Sainte-Anne, 57 — PARIS

Doit, Monsieur FOREST, 97, boulevard Haussmann, les marchandises ci-après payables fin juillet.

PARIS, *le 5 Juin 1890*

	3	1/2 Flacons gouache . la douz.	4 05	1	05				
	2	Tubes aquarelle. . . .	— 24 »	4	»				
	1	—	— 16 »	1	35				
	1	1/2 Godet	— 18 »	1	50				
	1	—	— 8 »	0	70				
	25	—	— 3 50	7	30				
10 0/0	1	Boîte 18 1/2 godets. . la pièce	4 15	4	15				
				20	05				
		10 °/° escpᵗ sur 4 fr. 15 tôle vernie		0	40	19	65		

Paris, *le 1er Juin 1890*

ROQUES

PARIS — 57, Rue Sainte-Anne, 57 — PARIS

Monsieur CHEVRANT, 3, rue des Haudriettes, Paris, Doit les marchandises suivantes payables à 30 jours, escompte 2 °/°.

V. G.	11	1 pièce de drap noir mesurant	46ᵐ,50			
	22	— — —	52ᵐ,65			
	33	— — —	65ᵐ,40			
	64	— — —	43ᵐ,35			
			212ᵐ,00	à 12 50	2757 05	
V. G.	50	1 pièce calicot mesurant,	475ᵐ,50			
	26	— — —	590ᵐ,25			
	75	— — —	812ᵐ,75			
	87	— — —	728ᵐ,35			
	98	— — —	618ᵐ,20			
			3025ᵐ,50	à 0 825	2495 65	5252 70
		Escompte 2 °/°.				105 05
		NET A RECEVOIR.				5147 65

34. MARQUES ET NUMÉROS

Les caisses, les colis ou les marchandises portent des marques et des numéros qui permettent de les reconnaître facilement.

Ces marques et numéros sont reproduits sur les factures; il est dès lors facile, avec la facture en main, de *reconnaître* les marchandises, c'est-à-dire de se rendre compte de la quantité et de la qualité des produits facturés.

35. DU RELEVÉ

Le relevé est une note sur laquelle le vendeur inscrit le total de chacune des factures remises à un client pendant une période déterminée·

Tirer un relevé. — Cette expression signifie copier, sur le Grand-Livre, la date et le montant des factures faisant l'objet de la note à remettre au client.

Modèle de Relevé

Paris, le 4 Juin 1890

DUVAL

PARIS — 25, Rue Saint-Denis, 25 — PARIS

RELEVÉ

Doit Monsieur AUBRY, 12, rue de la Paix.

				Fr.	C.	Fr.	C.
Mai	4	M/facture	....	210	20		
»	9	—	....	315	60		
»	16	—	....	1256	35		
»	23	—	....	329	50		
»	25	—	....	643	75	2755	40
			Escompte 5 0/0.........			137	75
			NET A PAYER...........			2617	65

NOTA. — Monsieur Aubry, en recevant ce relevé, dit au porteur : « Passez tel jour de telle à telle heure, la caisse est ouverte. »

Il pointe ensuite toutes les factures qu'il a reçues en Mai avec le relevé; l'exactitude reconnue, il épingle les factures avec le relevé et écrit sur le dos : « Bon à payer ».

Duval se présente au jour indiqué avec un relevé acquitté ou un reçu égal au montant du relevé, reçoit ses fonds et remet un acquit.

36. FACTURE D'EXPÉDITION

La facture d'expédition est celle qui est faite pour une place autre que celle du vendeur.

L'entête contient les mêmes éléments que la facture de place. Il faut, en outre, y ajouter :

1º Le mode d'expédition;

2º Aux frais, risques et périls de qui voyagent les marchandises;

3º Le lieu de paiement.

37. AVIS DE TRAITE

Au bas de la facture d'expédition se trouve assez souvent *l'avis de traite*.

L'avis de traite est une note écrite à l'acheteur l'avisant que l'on a disposé sur lui pour telle époque.

Modèle d'avis de traite écrit sur la facture

Paris, 1er juin 1890.

Monsieur Lebon, à Lyon

En couverture de la facture ci-dessus, j'ai pris la liberté de disposer sur vous pour francs 515, au 30 juin prochain. Je vous prie d'en prendre bonne note et d'y réserver bon accueil.

Salutations empressées.

LERICHE.

L'avis de traite se fait assez souvent sur feuille séparée.

Modèle d'avis de traite sur feuille séparée

Paris, le 1er juin 1890.

Monsieur Larue, à Orléans

J'ai l'honneur de vous informer que j'ai pris la liberté de disposer sur vous au 31 juillet prochain, *sans novation ni dérogation à la clause payable dans Paris* pour francs 810, montant de mes factures échues.

Veuillez en prendre bonne note et agréer mes salutations distinguées.

DUBOIS.

Sans novation ni dérogation à la clause payable dans Paris.

Cette mention signifie que, bien que le vendeur ait fourni sur l'acheteur une traite permettant à ce dernier de l'acquitter sans avoir à se déranger, le vendeur se réserve le droit d'exiger le payement dans le lieu qu'il habite, comme l'indique l'entête de la facture, c'est-à-dire au lieu où la vente s'est légalement faite, se réservant en outre, s'il venait à se produire des difficultés relatives au paiement, le droit de les porter devant le tribunal de sa circonscription.

Modèle d'une facture d'expédition

Paris, le 1er Juin 1890

MANTEL
37, Boulevard des Capucines, 37
PARIS

Monsieur CHARDON, à Orléans, 15, rue Jeanne-d'Arc, doit les marchandises suivantes, expédiées par chemin de fer, petite vitesse, à ses frais risques et périls, payables dans Paris à 60 jours, escompte 3 0/0.

					Fr.	C.	Fr.	C.
M. C.	115	1 pièce mérinos mesurant...	56m,40					
	128	1 — — — ...	75m,20					
	236	1 — — — ...	46m,30					
			Ensemble..... 177m,90 à 4 fr. 25		756	10		
M. C.	843	1 pièce satin mesurant......	54m,25					
	658	1 — — —	88m,75					
	769	1 — — —	57m,70					
	675	1 — — —	47m,25					
			Ensemble..... 197m,95 à 7 fr. 50		1481	65	2240	75
			Escompte 3 0/0........				67	20
			NET au 31 Juillet......				2173	55

38. ESCOMPTE

L'escompte sur prix fort est un *pourcentage* que le vendeur bonifie à l'acheteur.

Cet escompte provient des usages du commerce dans les diverses places et peut-être aussi de l'habitude qu'ont les acheteurs de *marchander*, c'est-à-dire de demander une diminution.

Le vendeur, pour se réserver la faculté de diminuer son prix de vente, a commencé par surfaire la marchandise; il a pu ensuite dire : je vous fais 2 0/0 d'escompte, 3 0/0, 10 0/0, etc. Plus tard, pour attirer le client chez lui, ne voulant pas faire 12 0/0, il a dit : je vous fais 10 et 2 0/0, je vous fais 15 et 5 0/0 au lieu de 20 0/0.

39. CALCUL DE L'ESCOMPTE

Soit a le montant de la facture, t le taux de l'escompte pour cent, e l'escompte, nous aurons :

$$e = \frac{at}{100} \ (\text{n}^\circ\ 1)$$

Dans l'escompte composé, 10 et 2 0/0, par exemple, représentons par t le premier escompte et par t' le second ; la formule deviendra :

$$e = \frac{at}{100} + \left(a - \frac{at}{100}\right) \frac{t'}{100}$$

Règle. — Pour calculer l'escompte, on multiplie le total de la facture par le taux d'escompte, on divise le produit par 100.

Exemples. — 1° On fait 5 0/0 d'escompte sur 1.275 francs, montant d'une facture, on aura, d'après la formule n° 1 :

$$e = \frac{1275 \times 5}{100} = 63,75 \text{ d'escompte}$$

2° On fait 10 et 2 0/0 sur une facture s'élevant à 1.500 :

$$e = \frac{1500 \times 10}{100} + \left[1500 - \frac{1500 \times 10}{100}\right] \frac{2}{100} = 177 \text{ francs}$$

40. DE L'ACQUIT DES FACTURES

Une facture doit être acquittée. L'acquit se libelle ainsi : *Pour acquit; la date et la signature de celui qui reçoit.*

41. TIMBRE DES FACTURES

Toute facture acquittée, dont le montant dépasse 10 francs, doit porter un timbre fixe ou mobile de 0 fr. 10.

Si l'on se sert d'un timbre mobile, il faut l'annuler ou l'oblitérer.

Pour annuler ou oblitérer un timbre, il faut écrire sur le timbre le lieu, la date de l'oblitération et signer ensuite.

On peut aussi oblitérer avec une griffe d'un modèle agréé par l'administration.

42. FACTURES DES COMMISSIONNAIRES

Ce sont les factures dressées par les commissionnaires qui ont acheté ou vendu des marchandises pour le compte de leurs commettants.

Elles se composent de 3 parties : 1° l'entête; 2° le corps; 3° les frais.

Les frais s'ajoutent aux factures d'achats et se retranchent des factures de ventes.

43. NOTE DE COMMISSION

Une note de commission est un écrit sur lequel l'acheteur écrit la commande des marchandises dont il a besoin.

Modèle d'une note de commission

Paris, le 1er Juin 1890

MILLET & CIE

PARIS — 38, RUE SAINT-MAUR, 38 — PARIS

Commis à M. LANGE, 3, cité Griset, pour être livré le 8 juin.

COMMISSION N° 958.

NUMÉRO de référence	NUMÉRO du fabricant	DÉSIGNATION DES MARCHANDISES	ACHATS	VENTES
875	640	1 douzaine de lampes à pétrole............	ni, li	o, au

NOTA. — Indiquer sur la facture le N° ci-dessus.

44. NUMÉRO DE RÉFÉRENCE

Les commissionnaires ont un livre de référence dans lequel ils décrivent les marchandises dont ils font commerce. La description est quelquefois un dessin, d'autres fois un échantillon. Ainsi, le n° 875 du livre de référence nous montrera le dessin d'une lampe à pétrole avec le genre de garniture demandé. A côté de ce numéro se trouvera le nom du fabricant; en se reportant à son catalogue sous le numéro 640, on trouvera la lampe en question. Ce n° 640 représente donc le numéro de référence du fabricant.

45. DU PRIX EN LETTRES

Les commerçants adoptent un mot composé de lettres toutes différentes, représentant les 10 chiffres.

Ainsi :   Saltimbonu — s, chiffre 1; a, chiffre 2. etc.
            1234567890

Supposons que la lampe nous coûte 6,35, nous écrivons m, li, nous voulons la vendre 8,20, nous écrirons o, au.

46. DU COMPTE D'ACHAT OU FACTURE D'ACHAT

Ce sont les factures dressées par les commissionnaires pour être adressées aux commettants pour le compte de qui ils ont acheté.

Il est divisé en trois parties :

1º l'entête;

2º le corps de la facture;

3º les frais.

Les frais s'ajoutent au montant de la facture; ils sont dus au commissionnaire.

Commission. — On remarquera que la commission est calculée sur le montant de la facture augmentée de tous les autres frais.

Cette manière de prendre la commission est très légitime; le commissionnaire doit soigner l'emballage, régler l'emballeur; il a droit à une commission pour ses soins, démarches et pertes de temps; il est obligé de s'occuper de l'expédition, de payer le fret, les connaissements, etc., il est juste qu'il reçoive une rémunération pour ces divers services.

Modèle d'un compte d'achat

Paris, le 1er Juin 1890

TESSIER & Cie

COMMISSIONNAIRES A MARSEILLE

Monsieur ROBERT, 20, rue de Lille, à Roubaix, doit les marchandises suivantes, achetées par son ordre et pour son compte, expédiées par chemin de fer, petite vitesse, à ses frais, risques et périls, payables à Marseille, à 90 jours.

			Fr. C.	Fr. C.
T. R.	61-80	20 Balles de laine La Plata. Pesant ensemble brut.... kᵒˢ 2880 » Tare 3 °/₀........ — 86 40 Poid net.... kᵒˢ 2793 60 A fr. 280 les 100 kilos.......	7822 10	
T. R.	81-90	10 Balles de laine du Cap. Pesant ensemble brut .⁄.. kᵒˢ 1560 » Tare 4 °/₀........ — 62 40 Poid net.... kᵒˢ 1497 60 A fr. 260 les 100 kilos.......	3893 75	11715 85
		Frais à ajouter.		
		Ports de lettres et menus frais	138 75	
		Transport	6 30	
		Courtage d'achat 1/2 °/₀..................	58 55	203 60
				11919 40
		Commission 5 °/₀..................		595 95
		Total, valeur 31 août........		12515 35

Modèle d'un compte d'achat pour l'exportation

14727

Paris, le 1er Juin 1890

Illustrissimo Arnaldo PEREIRA ASHLIN et Cª, Rio-Grande-do-Sul, doivent à Monsieur ARMAND, commissionnaire à Paris, ce qui suit, acheté pour leur compte, chargé sur le vapeur " Comte d'Eu ", du Havre à Rio-de-Janeiro, un transbordement pour Rio-Grande-do-Sul.

APA C.   363

				Fr. C.	Fr. C.	Fr. C.
16761	3	Parapluies avec épée, système Automaton, couverture laine et soie de 65 c/m, N• 5.	10/2	15 75	47 25	
	3	Parapluies pour homme, système Automaton, laine et soie, 65 c/m, N° 6.....	»	12 75	38 25	
	6	Parapluies pour homme, système Automaton, soie et coton, N° 7............	»	11 25	67 50	
		Poids net laine et soie : kil. 2,800				
		— soie et coton : kil. 2,011				
16678	1	Canne pour homme, N° 8911............	5/2		1 50	
	1	— — 9211............	»		2 »	
	1	— — 9305............	»		2 »	
	1	— — 9210............	»		2 50	
	1	— — 1452............	»		2 50	
	1	— — 1615............	»		2 75	
	1	— — 9315............	»		2 75	
	1	— — 8705............	»		3 »	
	1	— — 8518............	»		3 »	
16659	1	Pardessus imperméable 124 120/42......	6		22 »	
	1	— — 125 125/44......	»		23 »	
	1	— — 301 130/46......	»		25 »	
		Poids net : kil. 1590............				
16728	6	Douzaine mouchoirs toile blanche, ourlet à jour, 45 c/m, N• 167................	2/2	11 25	67 50	
		Poids net : kil. 1440............			312 50	
		Escompte 10/2 s. f. 153 »		18 05		
		— 5/2 — 22 »		1 30		
		— 6 — 70 »		4 20		
		— 2/2 — 67 50		2 65	26 20	
				312 50	286 30	
		Caisse et emballage......			10 50	296 80
		Frais				
		Transport au Havre........			4 »	
		Embarquement, camionnage, droits, etc.			4 50	
		Expédition, connaissement, ports de lettres			» 90	
		Transit au Havre................			3 »	
		Fret................			10 15	
		Assurance maritime 1 1/4 °/° s. f. 500 et police 2 fr................			8 25	30 80
						327 60
		Commission 5 °/°..............				16 35
		Valeur au 30 Septembre......				343 95

NOTA. — 14727 N° de la facture que l'on donne, à la suite, sur un livre spécial où chaque facture qu'on expédie a son numéro d'ordre.

47. DU COMPTE DE VENTE

Le compte de vente est la facture dressée par un commissionnaire ou un consignataire pour être remise à un commettant ou donneur d'ordre

Il est divisé en 3 parties :

1° l'entête ;

2° le corps de la facture ;

3° Les frais.

Les frais se retranchent, parce qu'ils sont dus au commissionnaire vendeur qui les diminue du montant de ce qu'il doit à son commettant.

Commission et ducroire. — La commission et le ducroire se calculent sur le montant de la vente avant que l'on en ait retranché les autres frais.

Modèle d'un compte de vente

Paris, le 1er Juin 1890

GARAUD & Cie

COMMISSIONNAIRES

PARIS — 35, rue d'Hauteville, 35 — PARIS

Vendu d'ordre et compte de M. EMERICH, à Épinal, les marchandises suivantes, payables à 30 jours.

	Nos		Fr.	C.	Fr.	C.
E	1185	600 mètres de toile blanche à 1 fr. 75	1050	»		
E	1140	800 — — écrue à 1 fr. 25	1000	»		
E	2120	1000 — de serviettes damassées à 1 fr. 20	1200	»	3250	»
		FRAIS A DÉDUIRE				
		Camionnage à l'arrivée	8	50		
		Soins et manutention	13	75		
		Assurance contre le feu	8	50		
		Ports de lettres et menus frais	3	20		
		Courtage de vente	16	25		
		Commission 3 %	97	50		
		Ducroire 1 1/2 %	48	75	196	45
		Net produit à votre crédit			3063	55

Valeur 1er juillet, sauf erreur et omission.

Paris, 1er juin 1890
GARAUD et Cie

48. VALEUR

L'expression *valeur* signifie l'*époque à laquelle la facture est payable*.
Ainsi, valeur à 60 jours, signifie que la facture est payable 60 jours après
sa date, et que si elle n'est pas payée à cette époque, le vendeur peut
demander des intérêts pour le retard.

49. COURTAGE

*Le courtage est la rémunération payée aux courtiers qui ont servi
d'intermédiaires pour l'achat ou pour la vente des marchandises.*
Le courtage s'exprime en tant pour cent.
Il se calcule sur le montant de la vente, en multipliant ce montant par
le taux de courtage, et en divisant le produit par cent.

50. COMMISSION

*La commission du commerce est la rétribution accordée au com-
missionnaire en marchandises par les acheteurs ou les vendeurs pour
qui il a acheté ou vendu.*
Elle s'exprime en tant pour cent. Elle se calcule sur le montant de la
facture en multipliant le total par le taux et en divisant par cent.

51. DUCROIRE

*Le ducroire est une commission supplémentaire accordée au com-
missionnaire, qui se porte garant envers son commettant du montant
des marchandises vendues.*
Le commissionnaire et quelquefois le courtier s'appellent *ducroire*
lorsqu'ils sont garants du paiement des opérations qu'ils ont faites.

52. NOTE DE POIDS

Les colis des marchandises vendues au poids sont souvent facturés
en bloc, pour leur poids total.

Si l'on veut faire connaître à l'intéressé le poids de chaque colis, on dresse une note de poids, portant les marques et les numéros ainsi que le poids de chaque colis.

L'acheteur peut ainsi vérifier facilement les marchandises qu'il a reçues.

53. BULLETIN DE LIVRAISON

Le bulletin de livraison est la note indiquant la nature, la qualité des marchandises vendues.

On l'appelle assez souvent : *facture d'ordre* ou quelquefois *coupon de facture.*

Des réductions autres que l'escompte

54. DON

Le don est une réduction de tant pour cent sur le prix des marchandises à raison d'avaries ou de déchets forcés de la livraison.

55. SURDON

Le surdon est un forfait accordé à l'acheteur en raison d'avaries ou de mouillures accidentelles.

56. BONIFICATION

La bonification est une réduction de tant pour cent du montant d'une facture, pour avarie constatée après livraison. La bonification consiste aussi à remettre à l'acheteur un surplus de marchandises.

57. RÉFACTION

La réfaction est une réduction sur le prix, sur le poids ou sur la quantité, motivée par une avarie constatée au moment de la livraison des marchandises.

58. POUSSE OU POUSSIÈRE

C'est une tolérance accordée au vendeur de livrer certains produits avec tant pour cent de poussière.

Les blés, par exemple, peuvent contenir 2 0/0 de poussière sans donner lieu à réclamation de la part de l'acheteur.

59. DES RÉDUCTIONS SUR POIDS

Les marchandises qui se vendent au poids se traitent au poids brut ou au poids net.

Poids brut. — *Le poids brut comprend le poids de la marchandise et de son contenant.*

Poids net. — *Le poids net est celui de la marchandise à l'exclusion de son contenant.*

60. TARE

La tare représente à la vente le poids du contenant.

Les tares portent différents noms.

On appelle *tare réelle* celle qui représente exactement le poids de l'emballage.

La tare légale est celle qui est fixée par la loi. On trouve les règles spéciales aux tares pour un assez grand nombre de sortes de marchandises dans le tableau annexé à la loi du 13 juin 1866.

La tare écrite est une tare réelle écrite sur les colis, sur les voitures, wagons, paniers, etc.

La tare d'usage est celle qu'on a l'habitude de compter pour certaines marchandises emballées toujours de la même façon.

Les tares sont le plus souvent exprimées en tant pour cent.

Elles se calculent en multipliant le poids brut par le taux pour cent et en divisant le produit par cent.

61. DES TRANSPORTS

Les transports se font :

1º *Par terre;*

2º *Par mer.*

Les transports par terre se font :

1º Par *voitures dites accélérées,* par le *camionnage, gros et petit;*

2º Par *chemin de fer* en *grande* et en *petite vitesse;*

3° *Par canaux* ou *rivières navigables.*
Les transports par mer se font :
1° *Par voiliers;*
2° *Par steamers.*

62. TRANSPORTS PAR TERRE

Les personnes qui peuvent intervenir dans le contrat de transport, sont : L'expéditeur, le voiturier, le commissionnaire de transport et l'entrepreneur de transport.

Définitions. — L'expéditeur est celui qui remet les objets à transporter.

Le voiturier est celui qui opère le transport. Ce mot voiturier a un sens très large, il désigne tout agent de transport, individu ou compagnie, faisant des transports par terre ou par eau.

Le commissionnaire de transport est celui qui se charge de faire opérer par des voituriers les transports des marchandises qui lui sont remises.

L'entrepreneur de transport est celui qui se charge de transporter sur ses propres voitures les colis qui lui sont remis.

63. LETTRE DE VOITURE

Définition. — La lettre de voiture est un écrit qui constate le contrat de transport entre l'expéditeur et le voiturier ou entre l'expéditeur, le commissionnaire et le voiturier.

La lettre de voiture doit contenir les énonciations suivantes :

1° La date; 2° La nature, le poids ou la contenance des objets à transporter; 3° Le délai dans lequel le transport doit être effectué; 4° Le nom et le domicile du commissionnaire, par l'entremise duquel le transport s'opère, s'il y en a un; 5° Le nom et le domicile de celui à qui la marchandise est adressée; 6° Le nom et le domicile du voiturier; 7° Le prix de la voiture; 8° L'indemnité due pour cause de retard; 9° Elle doit être signée par l'expéditeur ou le commissionnaire; 10° Elle présente en marge les marques et les numéros des colis; 11° Elle doit être copiée par le commissionnaire sans intervalle et de suite sur un registre coté et paraphé.

Timbres. — Les lettres de voiture doivent être timbrées d'un timbre de 70 centimes.

64. MODÈLE DE LETTRE DE VOITURE

G. H. MUMM & Cie

A REIMS

	MARQUES	NUMÉROS	COLIS	ESPÈCES	CAPACITÉ	NOMBRE
Le voiturier est obligé de prévenir à l'adresse indiquée ci-bas avant d'entrer en ville et sous peine de tous les dépens en raison des objets assujettis au droit d'octroi.	G.H.M. ET Cie	51167/8	2	Paniers	50	100
		Tarif Co	m^{me}	Est & Nord		R. 200

A Monsieur LARUE, restaurateur,
3, Place de la Madeleine.
Franco à domicile à <u>PARIS</u>.

**FRANCO
A DOMICILE
A
PARIS**

Reims, le 3 Juin 1890

Le voiturier est porteur responsable de l'acquit n° 1185. Vous recevrez par l'entremise de M. *Plumet et Baudesson*, commissionnaires de roulage de cette ville *deux paniers contenant ensemble cent bouteilles de Champagne* marquées comme en marge.

Veuillez à l'arrivée de ces colis, qui ont été remis bien conditionnés au chemin de fer, prendre livraison et en disposer suivant nos instructions.

Vos dévoués serviteurs,

G. H. MUMM ET Cie

NOTA. — On sera sans recours contre nous ou le commissionnaire en cas d'avarie ou de manque de marchandises énoncées en la présente si, au préalable, on n'a fait ses diligences contre le voiturier après vérification à son arrivée et en sa présence.

65. TRANSPORTS PAR CHEMINS DE FER

Le voyageur qui a des objets à transporter doit en faire la déclaration. Si ce sont des bagages, on les lui pèse et on lui remet un bulletin de bagage contre lequel ses colis lui sont délivrés à l'arrivée.

Sur les chemins de fer français, les voyageurs ont droit au transport gratis de 30 kilos de bagage; le surplus se paie d'après les tarifs de grande vitesse.

66. TARIFS DES CHEMINS DE FER

L'Etat, en concédant aux compagnies de chemin de fer des lignes à exploiter, les autorise à percevoir des droits de transport.

Ces droits perçus par les compagnies, pour les indemniser de leurs travaux et dépenses, sont de deux sortes :

Le droit de *péage* est un droit de circulation qui a pour but de rémunérer le capital de premier établissement et d'entretien de la voie.

Les droits de *transport* sont payés à la compagnie pour la rémunérer de ses soins et du matériel qu'elle emploie au transport des marchandises et des voyageurs.

Dans la pratique, les deux droits se confondent. Il importe, du reste, fort peu au voyageur ou à l'expéditeur, de payer les deux droits ensemble ou séparément.

Il n'en est pas de même des compagnies qui sont obligées de faire la différence entre ces deux prix.

Ces prix ou tarifs sont contenus dans le cahier des charges ou dans un acte postérieur, mais aucune taxe ne peut être perçue si elle n'est pas autorisée par le gouvernement.

67. DIFFÉRENTES SORTES DE TARIFS

Dans la pratique de l'exploitation des chemins de fer, il y a trois classes de tarifs : Le tarif maximum légal, les tarifs généraux et les tarifs spéciaux.

Les tarifs généraux ne sont susceptibles d'aucune division, puisqu'ils s'appliquent à tous les expéditeurs sans distinction.

Les tarifs spéciaux, au contraire, peuvent se diviser à l'infini, mais la perception des taxes doit se faire sans faveur.

S'il eut été permis aux compagnies de faire des situations différentes aux expéditeurs, elles auraient pu, à leur gré, enrichir ou ruiner certains commerçants.

68. RÈGLES SUR L'APPLICATION DES TARIFS

La perception des droits a lieu : Pour les *voyageurs*, par *personne* et par *kilomètre;* pour les *bestiaux*, par *tête* et par *kilomètre;* pour les *marchandises*, par *tonne* et par *kilomètre*.

Cette perception a lieu d'après le nombre de kilomètres parcourus..

Si la distance est inférieure à 6 kilomètres, elle sera comptée pour 6 kilomètres.

Le poids de la tonne est de 1.000 kilogrammes. Les fractions de poids, pour la grande et la petite vitesse, sont comptées par 10 kilogrammes. Ainsi, entre 0 et 10 kilos, on paiera le port comme 10 kilos; entre 10 et 20 kilos, comme 20 kilos, etc.

Toutefois, pour les excédents de bagages et marchandises à grande vitesse, les coupures seront établies : 1° De 0 à 5 kilos; 2° Au-dessus do 5 kilos jusqu'à 10 kilos; 3° au-dessus de 10 kilos par fraction indivisible de 10 kilos.

Le prix d'une expédition quelconque en grande ou en petite vitesse ne pourra être moindre de 0 fr. 40.

69. CLASSIFICATION DES MARCHANDISES

Les tarifs ont fixé des prix différents suivant la nature des objets à transporter; ils ont établi des classes suivant le poids, le volume ou les soins particuliers que les objets à transporter peuvent nécessiter.

Les classes sont établies seulement, pour la petite vitesse. Toutes les marchandises transportées à grande vitesse sont taxées à 0 fr. 36 par tonne et par kilomètre.

La première classe comprend les denrées ou produits les plus délicats, qui demandent beaucoup de soins de conservations et autres; la seconde classe, les produits nécessitant un peu moins de soins, et la troisième les produits grossiers.

Les objets de la 1re classe paient 16 centimes par tonne et par kilomètre.

Ceux de la	2e	—	14	—	—
—	3e	—	10	—	—

70. GROUPAGE

Les prix de tarif ne sont pas applicables aux paquets, colis, excédents de bagages pesant isolément 40 kilogrammes et au-dessous.

Afin de profiter des prix du tarif, les *messagistes* et les *commissionnaires* de transport appliquent le *groupage* en expédiant, sous la même enveloppe, *groupage à couvert*, divers colis expédiés par un même envoi. L'expédition peut aussi se faire par groupage à découvert, en expédiant les divers paquets ou colis sans les réunir sous la même enveloppe. Le groupage à découvert n'est admis que si les objets expédiés sont envoyés par une *même personne* à une *même personne*. Si les objets doivent être distribués à plusieurs personnes, le *groupage couvert* est seul admis.

71. DÉLAI DE TRANSPORT

Les colis à grande vitesse seront expédiés par le premier train de voyageur comprenant des voitures de toutes classes, et correspondant à leur destination, pourvu qu'ils aient été présentés à l'enregistrement trois heures avant le départ de ce train. Ils seront tenus à la disposition des destinataires dans le délai de deux heures après l'arrivée du même train.

Les colis, à petite vitesse, seront expédiés dans le jour qui suivra celui de la remise. Ce transport doit être fait à raison de 125 kilomètres par vingt-quatre heures. Les colis seront mis à la disposition des destinataires dans le jour qui suivra celui de leur arrivée en gare.

72. DÉCLARATION D'EXPÉDITION

La déclaration d'expédition est faite par l'expéditeur sur une feuille mise à sa disposition par les compagnies des chemins de fer.

Elle comprend : Les *noms* et *adresse* de *l'expéditeur* et du *destinataire*; les *numéros, marques* ou *adresses, poids, nombre* et *nature des colis*; les mentions *à domicile* ou *en gare*, et *en port dû* ou *en port payé*; la mention *à faire suivre,* s'il y a lieu.

Les messagistes et les autres entrepreneurs de transport qui réunissent en une ou plusieurs expéditions des colis ou paquets envoyés à des destinataires différents sont tenus de remettre aux gares expéditrices un bordereau détaillé et certifié écrit sur papier non timbré faisant connaitre le nom et l'adresse de chacun des destinataires réels.

73. DES RÉCÉPISSÉS

Les récépissés sont des pièces constatant le transport par chemin de fer; ils sont remis au destinataire contre le paiement du prix de la voiture. Ils remplacent complètement les lettres de voiture.

Le timbre des récépissés est fixé à 0 fr. 70 pour la petite vitesse et à 0 fr. 35 pour la grande vitesse.

Lorsqu'il s'agit d'expéditions faites par les intermédiaires de transport, il est délivré, outre le récépissé pour l'envoi collectif, un récépissé spécial à chaque destinataire.

Ces récépissés, qui ne donnent pas lieu à la perception du droit d'enregistrement au profit des compagnies de chemin de fer, seront établis par les entrepreneurs de transports, sur des formules timbrées que les compagnies tiendront à leur disposition, moyennant remboursement des droits et frais.

Les numéros de ces récépissés seront mentionnés sur le registre de factage ou de camionnage que les intermédiaires sont tenus de faire signer pour décharge par les destinataires.

Ces registres doivent être présentés à toute réquisition aux agents de l'enregistrement.

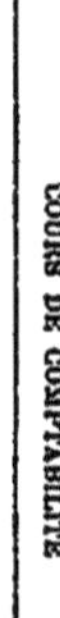

CHEMINS DE FER DE CEINTURE

DÉCLARATION D'EXPÉDITION EN GRANDE VITESSE

Cadre réservé à l'étiquette
« Remboursement »

EXPÉDITEUR	Nom :	DUPONT (Ernest).
	Adresse :	24, rue de Turin.
DESTINATAIRE	Nom :	DEIS (Jules).
	Adresse :	24, rue de la Préfecture (Besançon).
LIVRAISON	à faire (1)	à domicile (1) à domicile ou en gare.
	à (2)	..........(2) lieu de destination.

Expédition à faire en Port (3)   dû   (3) en port dû ou en port payé.

Tarif demandé (4)   spécial   (4) Les tarifs spéciaux ou communs ne sont appliqués qu'autant. que l'expéditeur en a fait la demande expresse.

Somme à faire suivre (en toutes lettres).
{ Déboutés ....
{ Remboursement ....

Frais de retour du remboursement a la charge (5) .... (5) de l'expéditeur ou du destinataire.

CADRE RÉSERVÉ A L'ÉTIQUETTE DE LA GARE DE DÉPART EN CAS D'EXPÉDITION DE COLIS NON POSTAUX EN TRAFIC DIRECT

TIMBRE DE LA GARE DE DÉPART

TIMBRE DE LA GARE DE TRANSIT

MARQUES et numéros des colis	NOMBRE ET NATURE DES COLIS		POIDS BRUT	PIÈCES JOINTES OBSERVATIONS
P. R.	3	Caisses bronze.......	175 kil.	

Suite du détail au dos.

A Paris, le 31 décembre 1890.

Signature de l'expéditeur :

DUPONT

Heure de la remise .... h. .... m. du ....

Visa du préposé a la reconnaissance :

PARTIE RÉSERVÉE A LA GARE

Gare destinataire ....

Compagnie destinataire (a) ....

Gare de sortie du réseau ....

(a) S'il s'agit de transport en trafic direct.

Expédition N° .... du 189   Train N° ....

Prise en charge à l'arrivée le ....

DÉTAIL DES FRAIS

PORT payé — TOTAL	TRANSPORT et enregistrement		PETITS COLIS non postaux		TIMBRE	DÉBOURSÉS	FACTAGE par la Compagnie	REMBOURSEMENT	FACTAGE A L'ARRIVÉE au-delà payés au départ		PORT dû — TOTAL	FACTAGE à l'arrivée par la Compie	PORT dû — TOTAL général
	Chemins de fer de Ceinture	Compagnie correspondante	Transport	Remise à domicile					Factage par la Compie	Au-delà			

PROVENANCE	TRANSPORTS PAR CHEMINS DE FER	DESTINATION
Boulogne	**RÉCÉPISSÉ A REMETTRE AU DESTINATAIRE**	*Paris*

Formule spéciale à l'usage des Entrepreneurs de transports (Loi du 30 mars 1872)

PETITE VITESSE

N° 5675

Date de remise : 6/1.

N° d'expédition .... du ....

A livrer (1) : *A domicile.*

EXPÉDITEUR { Nom : *NOLLEN, HENRY et C°.* / Adresse : *Boulogne-sur-Mer.*

DESTINATAIRE. { Nom : *SALVADOR ET WELL.* / Adresse : *Boulevard du Temple.*

Marques et Numéros	NOMBRE ET NATURE DES COLIS	POIDS	SÉRIES OU TARIFS	PORT PAYÉ	DÉTAIL DES FRAIS	PORT DU
S. W. P 3/17	15 Caisses.................	471			Transport	
S. W. 105/108	4 —	131		» 70	Timbre	» 70
	TOTAL......				Déboursés	
					TOTAL. . . .	

DÉTAIL DES DÉBOURSÉS ET DES PIÈCES ACCOMPAGNANT L'EXPÉDITION

Reçu dix-neuf Caisses.
SALVADOR ET VELL

(1) Indiquer le mode de livraison : " Bureau restant " ou " à domicile ".

74. TRANSPORTS PAR MER

Les transports par mer comprennent le cabotage et le long cours.

Cabotage. — C'est le transport d'un port français à un autre port français. Les navires français et monégasques peuvent seuls prendre part au cabotage. Les navires à vapeur italiens peuvent caboter dans tous les ports français de la Méditerranée.

Long cours. — Les marchandises expédiées au long cours sont chargées sur des voiliers ou des vapeurs à destination des pays étrangers, notamment avec les ports éloignés.

Frets ou nolis. — Le prix du transport par mer s'appelle *fret* ou *nolis;* il est fixé par tonne, par volume ou d'après la valeur de l'objet à transporter.

75. CONNAISSEMENT

Le connaissement, appelé aussi police de chargement, est la reconnaissance délivrée par le capitaine d'un navire des marchandises qu'il a reçues pour en opérer le transport.

Il peut être au porteur, à ordre ou à personne dénommée.

Il doit être fait en 4 exemplaires au moins : 1 pour le capitaine du navire, 1 pour le destinataire, 1 pour l'expéditeur, 1 pour l'armateur.

Il contient : Les noms du capitaine et de l'armateur; le nom du navire et son tonnage; le port de départ et celui d'arrivée; la désignation, les marques et numéros des marchandises; le nom et l'adresse du destinataire; le prix du fret et le primage; la somme à payer; le nombre d'exemplaires du connaissement; la date et la signature du capitaine et de l'expéditeur.

Il est timbré, savoir :

1o S'il est créé en France, à 1 fr. 20 pour le petit cabotage et à 2 fr. 40 pour toute autre navigation.

2o S'il est créé à l'étranger ou aux colonies, à 1 fr. 20 par connaissement.

3o Chaque connaissement supplémentaire est timbré à 0 fr. 60.

Les connaissements à ordre sont transmissibles par endossement.

Ils sont faits en quatre exemplaires, mais le capitaine peut en délivrer un plus grand nombre si on les lui demande.

Comme les banquiers font des avances sur connaissements, l'usage des divers originaux d'un même connaissement peut être abusif.

CONNAISSEMENT

DÉCOMPTE

	Fr.	c.
Remboursement................		
Prime sur remboursement 5 %		
Droits de statistique à l'entrée en France 10 cent. par colis.		
Connaissement................	1	60
Droits d'exportation..........	»	10
Fr.	1	70

Fret de *Cadix* à *Paris.*

			Fr.	c.
Tx C S à Fr. 60 Fr.	9	60		
Primage ..... %				
5 % Frais au débarquement.....	»	45	10	05
TOTAL...... Fr.			11	75

Départ du 8 janvier 1890

NOTA. — Si la marchandise n'est pas réclamée dans les 24 heures de l'arrivée à destination, elle sera remise à l'Entrepôt des douanes aux frais du destinataire. — Tous droits de timbre et de statistique au passage au Havre seront ajoutés au décompte et payés par la marchandise.

COMPAGNIE HAVRAISE PÉNINSULAIRE DE NAVIGATION A VAPEUR

N° du Connaissement

Anciennes Lignes E. GROSOS)

Société Anonyme au Capital de 5 Millions de Francs

N° du Voyage
26

SIÈGE SOCIAL A PARIS, 13, RUE DE LA GRANGE-BATELIÈRE

E. GROSOS, Directeur Général, 26, place de l'Hôtel-de-Ville, au HAVRE

Je soussigné *BREHAUT*, capitaine du Paquebot à vapeur *Ville-d'Anvers*, à présent à *Cadix*, déclare avoir reçu de vous, M. *SANDEMAN BRUCK et C*ⁱᵉ les objets ci-après désignés, pour conduire sous la garde de Dieu et aux conditions de transport ci au dos stipulées (que le chargeur déclare accepter), jusqu'au HAVRE, *pour être réexpédiés et livrés à Paris, soit à quai, soit en gare de chemin de fer, suivant le mode adopté par la Compagnie pour la réexpédition.*

MARQUES

SANDEMAN BUCK & Cⁱᵉ   A. L.
Muscatel.   —   *Une quarte pipe vin de Xérès.*

pesant ensemble .... le tout suivant votre déclaration et marqué de la marque ci-dessus, que je promets de délivrer à l'heureuse arrivée, *sauf les risques et fortunes de la mer*, à M. *LARUE, 3, place de la Madeleine, Paris, ou à son ordre,* contre paiement de mon fret à raison de *60 francs et 4 %* par tonneau composé de *60 C.* et du primage comme en marge plus pour remboursement des frais de transport et autres jusqu'à mon bord la somme de .... suivant détail en marge.

Le tout payable en or ou en argent, et non en billets de banque.

J'ai signé 4 connaissements, dont l'un accompli, les autres de nulle valeur.

Les chargeurs sont invités à indiquer le degré exact des vins de liqueur, afin d'éviter :
1° Que la Compagnie ne le fasse prendre par un chimiste quand besoin sera, aux frais, risques et périls de la marchandise.
2° Les retards résultant de cette prise du degré.

Cadix, le 5 juin 1890.

Les Chargeurs :

Poids et contenu inconnus

Ne répondant pas du coulage ni des fausses.

Pr le Capitaine :
RENÉ ARQUIS

Modèle de connaissement

COURS DE COMPTABILITÉ.

Il est arrivé, en effet, ces derniers temps, que certains négociants ont emprunté à un banquier sur l'un des originaux et à un autre banquier sur un autre original du même connaissement.

Pour éviter ces fraudes et rassurer les banquiers, le commerce maritime demande que le capitaine libelle ainsi la fin de ses connaissements : « Le capitaine du susdit navire déclare avoir établi en plus d'une copie pour lui, tant de connaissements, tous de même teneur et date, qu'il a signés et délivrés et dont un seul est transférable. Celui-ci accompli, les autres deviendront nuls. »

On placerait, en outre, sur les connaissements la mention : *transférable* et *non transférable*.

76. DE L'ARRIVÉE DES MARCHANDISES EN DOUANE, DE LA MISE EN ENTREPÔT OU AUX MAGASINS GÉNÉRAUX

Les marchandises qui entrent en France peuvent être mises : En *consommation, entreposées, expédiées en transit, réexportées* ou *transbordées*, ou *déclarées pour l'importation temporaire en franchise.*

Les marchandises *déclarées pour la consommation* immédiate, doivent acquitter les droits avant leur enlèvement.

Les marchandises *entreposées* acquittent les droits à leur sortie de l'entrepôt pour la consommation.

Les marchandises expédiées en transit, réexportées ou transbordées, ne paient aucun droit.

Les marchandises admises temporairement en franchise doivent être travaillées dans les délais déterminés ou être réexportées ou réintégrées en entrepôts dans les même délais.

77. PROVENANCE ET ORIGINE DES MARCHANDISES

Le pays de provenance est celui d'où les marchandises sont importées.

Le pays d'origine est celui où les marchandises ont été récoltées ou fabriquées.

78. TRANSPORT DIRECT

On entend par transport direct, par mer, celui qui est effectué par un même navire depuis le lieu de départ jusqu'à celui d'arrivée.

Les capitaines sont tenus de justifier du lieu de départ : 1° Par les connaissements; 2° Par les livres et autres pièces de bord; 3° Par un rapport adressé à la douane dans les vingt-quatre heures de l'arrivée.

Le transport est considéré comme direct s'il s'agit de cargaisons flottantes, c'est-à-dire de cargaisons qui, au point de départ, n'avaient pas de destination déterminée et qui ont été dirigées sur la France d'après des ordres déterminés.

79. JUSTIFICATION D'ORIGINE DES MARCHANDISES

Pour les marchandises hors d'Europe, les modérations de droits sont acquises par le seul fait de la provenance.

Pour les colonies et établissements français hors d'Europe, il faut la justification d'origine et le transport direct pour avoir droit à modération de droits.

80. DÉCLARATIONS EN DOUANE. — VÉRIFICATION

La déclaration doit contenir :

1° La nature, l'espèce, la qualité, la provenance ou la destination des marchandises ;

2° Le poids pour les marchandises taxées au poids;

3° La mesure ou le nombre pour les marchandises taxées à la mesure ou au nombre ;

4° La valeur pour les marchandises taxées à la valeur;

5° Le nom du navire et du capitaine;

6° Le nom, la profession et le domicile du destinataire;

7° En marge, les marques et les numéros des balles, caisses ou futailles.

La *valeur à déclarer* comprend le prix d'achat, les droits de sortie, le fret, l'assurance et tous les autres frais.

Vérification. — Les employés des douanes peuvent tenir les déclarations pour exactes, ou procéder à la vérification des marchandises.

Préemption. — Le droit de préemption a été supprimé; la douane ne peut prendre les marchandises déclarées pour une valeur inexacte.

Expertise légale. — Il est institué auprès du département du commerce des experts chargés de se prononcer sur les constatations résultant de contestations jugées fausses.

Les décisions de ces experts sont définitives; les tribunaux ne peuvent se substituer à eux.

81. DROITS

Toutes les marchandises portées au tarif des douanes sont passibles des droits.

Nul citoyen n'en est exempt. Les ambassadeurs et autres membres du corps diplomatique ne paient rien pour les objets destinés à leur usage et à celui de leur famille.

Les objets importés pour le gouvernement sont assujettis aux droits.

Les tarifs doivent être déposés dans chaque bureau; ils sont tenus à la disposition du public.

82. DROITS ADDITIONNELS

Il est perçu deux centimes par franc en sus des droits de douane et de navigation et des amendes et des condamnations pécunières.

Surtaxe d'entrepôt. — Les marchandises d'origine extra-européenne provenant d'un port d'Europe sont frappées d'une surtaxe d'entrepôt.

Surtaxe d'origine. — Certains produits européens sont passibles de surtaxe, s'ils arrivent d'ailleurs que du pays où ils sont originaires.

Entrepôts. — Les marchandises en entrepôts sont réputées hors de France pour la perception des droits.

L'entrepôt réel est établi dans un local gardé par les douanes; toutes les issues sont fermées à deux clefs, dont l'une reste entre les mains de l'administration.

L'entrepôt fictif est constitué dans les magasins du commerçant. La douane y a ses entrées.

Transferts. — Les entrepositaires qui vendent leurs marchandises en entrepôt doivent faire leur déclaration de vente à la douane et faire intervenir l'acheteur qui s'engage envers la douane.

Les marchandises peuvent être dirigées d'un entrepôt sur un autre.

Durée de l'entrepôt. — La durée de l'entrepôt réel est de 3 ans; de l'entrepôt fictif 2 ans, pour les grains et 1 an pour les autres marchandises.

83. TRANSIT

Le transit est la faculté du transport en franchise par notre territoire des marchandises passibles des droits de douane ou frappées de prohibition.

Il se divise en *transit ordinaire* et en *transit international*.

Le *transit ordinaire* a lieu par toutes les voies indistinctement, l'emprunt de la mer excepté, sous la responsabilité des expéditeurs.

Le *transit international* s'effectue par les chemins de fer sous la responsabilité des compagnies.

Les bureaux de transit doivent être spécialement désignés.

Transit ordinaire. — La déclaration et la vérification sont faites comme pour les marchandises tarifées importées. Si les marchandises sont prohibées, il faut qu'elles soient portées sous leur véritable nom au manifeste de la déclaration.

Plombage. — Le plombage est obligatoire pour les marchandises expédiées en transit, à moins qu'elles ne puissent être emballées.

Acquit à caution. — Les marchandises tarifées et les prohibées doivent être expédiées sous des acquits à caution indiquant le bureau de destination et la durée du transport.

Le demandeur d'un acquit à caution souscrit l'engagement d'acquitter les droits; son engagement est garanti par une caution.

Certaines marchandises ne sont assujetties qu'au passavant sans plombage.

Visa. — Les acquits à cautions doivent êtres présentés au visa de 2e ligne.

84. TRANSIT INTERNATIONAL

Il a pour but d'affranchir de la visite les bagages et les marchandises passant par nos frontières tant à l'entrée qu'à la sortie.

Les wagons contenant des marchandises en transit international doivent être plombés par la douane.

85. ADMISSIONS TEMPORAIRES

Les marchandises destinées à recevoir un complément de main-d'œuvre en France ou à y être fabriquées, sont admises temporairement en franchises de droits, sous la condition qu'elles seront réexportées ou réintégrées en entrepôt dans un délai déterminé qui ne peut excéder six mois.

Le rendement des marchandises admises temporairement est établi d'après le poids effectif de ces marchandises, en tenant compte des déchets de fabrication.

L'admission temporaire n'a lieu que sous la garantie d'une *sou-mission cautionnée.*

L'acquit à caution, délivré en vertu de cette soumission, est remis à l'importateur. Il doit être représenté au moment de la réexportation ou de la mise en entrepôt.

86. DROITS ACCESSOIRES DE DOUANE

Droits de navigation. — Les droits de navigation sont perçus d'après le tonnage légal. Ce tonnage est établi d'après le procédé de jaugeage connu sous le nom de méthode *Moorson* (Décret du 24 mai 1873, art. 21).

Droits de francisation. — Tout navire français et toute embarcation française qui prennent la voie de mer doivent avoir à leur bord leur acte de francisation.

Droits de congé. — Aucun bâtiment français ne peut sortir d'un port sans congé. Ce droit est valable pour un an.

Droits de passeport. — Le passeport est le permis de prendre la mer, délivré aux navires étrangers, chargés en totalité ou en partie. Ils supportent pour frais de quai : 0 fr. 50 par tonneau pour provenance d'Europe, de la Méditerranée, du Maroc, de Ceuta et de Mogador, et 1 franc par tonneau pour les arrivages de tous les autres pays.

Droits de permis et de certificat. — Le droit de permis d'embarquement et de débarquement des marchandises est de 0 fr. 60.

Les certificats relatifs aux cargaisons de navires sont aussi de 0 fr. 60.

Taxes sanitaires. — Les taxes sanitaires portent sur les navires seulement, ou sur les navires et sur les marchandises. Elles sont recouvrées par un agent spécial portant le titre de receveur du service sanitaire.

Elles forment quatre classes : 1° Droit de reconnaissance à l'arrivée; 2° Droit de stationnement; 3° Droit de séjour au lazaret; 4° Droit de désinfection.

Droits de station. — Ces droits sont fixés à 0 fr. 03 par tonneau et par jour pour les navires soumis à la quarantaine.

Droits de péage. — Ces droits, très variables, sont dus pour les passagers et les améliorations des ports.

Droits de statistique. — Un droit de statistique est dû sur toute marchandises importée ou exportée :

1° 0 fr. 10 par colis sur marchandises en futailles, sacs ou autres emballages;

2° 0 fr. 10 par 1.000 kilos ou par mètre cube sur les marchandises en vrac;

3° 0 fr. 10 par tête sur les animaux vivants ou abattus, espèces chevaline, bovine, ovine ou porcine.

Droits de magasinage et de garde. — Il est dû un droit de magasinage de 1 0/0 de la valeur des marchandises constituées en dépôt en douane dans les deux cas suivants :

1° Défaut de déclaration en détail dans les délais;

2° Pour importation de marchandises prohibées dans un port qui n'est pas ouvert à ces opérations.

Rémunération relative aux hypothèques maritimes. — Les navires d'une jauge officielle de 20 tonnaux et au-dessus sont susceptibles d'hypothèques.

L'application des droits hypothécaires sont faits par les receveurs principaux des douanes, sous leur responsabilité. Leur remise est de 1/2 centime 0/0 sur le capital des créances donnant lieu à hypothèque, plus un salaire.

Prix des plombs, cachets et estampilles. — Le prix est de 0 fr. 50 par plomb. On ne les paie que 0 fr. 25 à la réexportation directe par mer ou 0 fr. 10 pour les sels impurs, ou 0 fr. 03 par colis pour le sucre destiné au sucrage.

Droits de timbres. — Les actes délivrés par les douanes portent un timbre particulier que l'administration fait elle-même apposer. Les timbres des acquits à caution, des actes relatifs à la navigation et aux commissions d'emploi sont de 0 fr. 75. Les quittances de droits au-dessus de 10 francs sont de 0 fr. 25. Les quittances pour toutes autres expéditions sont de 0 fr. 05.

CHAPITRE V

87. BUREAU DE LA COMPTABILITÉ DES FOURNISSEURS OU CRÉANCIERS

Les factures et les relevés des achats arriveront à ce bureau ; il les vérifiera, les pointera et mettra le *bon à payer*.

Le bureau paiera lui-même les factures ou les remettra à la caisse après les avoir visées ; la caisse les paiera et les lui remettra ensuite avec la mention : *payé*, en ayant soin de bien indiquer la somme et l'escompte, ou bien la caisse remettra une fiche détaillée des paiements opérés.

Ce bureau tiendra un journal et un grand livre.

Les achats seront placés au journal d'après les factures ou les relevés des fournisseurs comme suit :

88. JOURNAL DES FOURNISSEURS

Modèle du Journal des Fournisseurs

Folio 10

FOLIOS du Grand Livre	MOIS DE JUIN 1890 — 1 — 30		
	MARCHANDISES A CRÉANCIERS		
4	à *Franchet*................ 15 courant sur relevé.		850 »
15	à *Dupont*................ 25 courant, sa facture.		730 60
16	à *Achats comptant*, ceux du mois.........		
	à *Pierre*................	230 »	
	à *Guillot*................	625 »	
	à *Bertin*................	775 »	1630 »
19	à *Ateliers*................		
	Divers................		4610 »
20	à *Jubin*................ 30 courant, son relevé.		1650 »
0	à *Barton*................ 30 courant, son relevé.		870 »
17	à *Michaud*................ 30 courant, son relevé.		2750 40
	TOTAL des Achats du mois.......		13601 »

Les paiements et les règlements seront passés sur ce même livre comme suit :

Modèle du Journal des Fournisseurs (*suite*).

Folio 11

MOIS DE JUIN	EFFETS À RECEVOIR	EFFETS À PAYER	ESCOMPTES ou RABAIS	ESPÈCES PAYÉES	RÈGLEMENTS TOTAUX, SOLDANT les RELEVÉS
— 1 — :0 —	1	2	3	4	5
CRÉANCIERS AUX SUIVANTS (à *Caisse*, 4ᵉ colonne; à *Effets à recevoir*, 1ʳᵉ colonne; à *Effets à payer*, 2ᵉ colonne; à *Escomptes*, 3ᵉ colonne.)					
4 Franchet			100 30	749 70	850 »
16 Achats comptant				1630 »	1630 »
19 Ateliers				4610 »	4610 »
20 Jobin. Nº 525	400 »		33 »	1217 »	1650 »
21 Morel			26 25	848 75	875 »
23 Orcel. Nº 640	320 50		177 »	1002 50	1500 »
15 Dupont		800 »			800 »
	720 50	800 »	336 55	10057 05	11915 »

Le total des quatre premières colonnes doit donner le total de la 5ᵉ. En effet, 720,50 + 800 + 336,55 + 10.057,05 = 11.915 francs.

89. SOLDES

Chaque mois on établira le solde des sommes redues aux fournisseurs, comme suit :

Achats	13.091 francs
Paiements	11.915 —
Solde du mois	1.176 francs
Solde à fin Mai	2.375 francs
Solde à ce jour	3.551 francs

Chaque fois que l'on veut avoir le solde réel, on ajoute au solde du mois courant, le solde réel du mois précédent.

Explication des expressions :

Marchandises à Créanciers; Créanciers à Caisse; Créanciers à Effets à recevoir; Créanciers à Effets à payer; Créanciers à Escomptes.

L'expression *marchandises* représente un compte qui est débité du montant des achats; nous retrouverons aux ventes le même compte qui sera crédité du montant des ventes :

L'expression *créanciers* représente tous les fournisseurs qui sont, sous ce nom générique, *crédités* de ce qu'ils ont fourni à la maison et *débités* de ce qu'ils en ont reçu, ainsi que des rabais qu'ils ont accordés.

Dans le cas qui nous occupe, ils ont remis des marchandises et ont reçu des espèces, des effets à recevoir, des effets à payer, des escomptes.

90. GRAND-LIVRE DES CRÉANCIERS

Le grand-livre renfermera tous les comptes des fournisseurs.

Du compte. — Un compte est un cadre de comptabilité, tenu par doit et avoir, où l'on enregistre toutes les opérations faites avec le titulaire.

Ces comptes seront classés, soit par lettre alphabétique, soit par genre de fournisseurs, soit par quartiers d'une même ville, soit par ville ou autres lieux de résidence.

Répertoire. — Le répertoire du grand-livre nous donnera les folios de chacun des comptes, ainsi que les adresses des fournisseurs et les conditions d'escompte qu'ils font.

91. REPORT AU GRAND-LIVRE

Pour reporter au grand-livre, on cherche au répertoire le nom du fournisseur *à débiter* ou *à créditer*; on inscrit le folio de son compte à côté de son nom au journal.

On ouvre le grand-livre au folio où se trouve le compte du fournisseur.

On porte à gauche, *au débit,* les sommes et les valeurs qui lui ont été remises et les escomptes qu'il a accordés; et à droite, *au crédit,* ce qu'il nous a remis.

On voit, d'après cela, que *débiter* quelqu'un c'est écrire à son *débit,* à *gauche* de *son compte,* ce que nous lui avons fourni et, *à droite, au crédit,* ce qu'il nous a remis.

La différence entre le doit et l'avoir forme le *solde* ou *la balance* du compte.

Le *solde est débiteur* si le total des sommes du débit est plus élevé que celui du crédit, et sera créditeur dans le cas inverse.

92. GRAND-LIVRE

Modèle du Grand Livre

4 Doit FRANCHET. 25, rue de la Banque, Paris **Avoir 4**

1891	15	Espèces et escp^te	11	1	850	»	1891	15	Sa facture.....	10	1	850	»
Juin							Juin						

6 Doit BARTON, 12, rue de la Paix, Paris **Avoir 6**

							1891	30	Son relevé.....	10	1	870	»
							Juin						

15 Doit DUPONT, 11, rue de Clichy, Paris **Avoir 15**

1891	30	Mon acceptation.	11	1	800	»	1891	25	Son relevé.....	10	1	730 00
Juin							Juin					

16 Doit COMPTANT **Avoir 16**

1891	30	Mes paiements.	11	1	1630	»	1891	30	Achats du Mois.	10	1	1630	»
Juin							Juin						

17 Doit MICHAUD, 25, rue Auber, Paris **Avoir 17**

							1891	30	Son relevé.....	10	1	2750 40
							Juin					

19 Doit ATELIERS **Avoir 19**

1891	30	Paiements à div.	11	1	4610	»	1891	30	Notes du mois.	10	1	4610	«
Juin							Juin						

20 Doit JUBIN, 4, rue Bossuet, Paris Avoir **20**

| 1891 | 30 | Espèces et Effets | 11 | 1 | 1650 | » | 1891 | 30 | Son relevé..... | 10 | 1 | 1650 | » |
| Juin | | | | | | | Juin | | | | | | |

21 Doit MOREL, 17, rue Vignon, Paris Avoir **21**

| 1891 | 30 | Espèces et Rabais | 11 | 1 | 875 | » | 1891 | 15 | Sa facture..... | 7 | 1 | 875 | » |
| Juin | | | | | | | Avril | | | | | | |

23 Doit ORCEL, 24, rue Montmartre, Paris Avoir **23**

| 1891 | 40 | Espèces, Effets Escompte.... | 11 | 1 | 1500 | » | 1891 | 18 | Sa facture..... | 7 | 1 | 1500 | » |
| Juin | | | | | | | Avril | | | | | | |

93. RÉFÉRENCE

Lorsque les sommes du *débit* soldent celles du *crédit*, on *référencie* le grand-livre, en mettant à côté de chacune des sommes une même lettre ou un même chiffre tant au débit qu'au crédit.

94. BALANCE

· Nous ne faisons ici que la balance des soldes des comptes. D'après notre grand-livre, nous trouvons que, sur le mois de juin, nous redevons aux suivants; savoir, à :

FOLIOS du Grand Livre	NOMS DES FOURNISSEURS	SOLDES CRÉDITEURS
6	BARTON.....................................	870 »
17	MICHAUD....................................	2750 40
	Sommes dues à ce jour à reporter........	3620 40

Mais nous avons payé sur l'arriéré, savoir à :

FOLIOS du Grand Livre	NOMS DES FOURNISSEURS		SOLDES CRÉDITEURS
	Report.......		3620 40
21	*MOREL*..........................	875 »	
23	*ORCEL*...........................	1500 »	
15	*DUPONT* (en avance)..................	69 40	2111 40
	Différence............		1176 »

La différence de 1176 francs représente bien le même solde qu'au journal.

En y ajoutant le solde des mois précédents : 2375 francs, on obtient ainsi le montant des sommes redues aux fournisseurs.

Nous retrouvons un solde égal à celui du Journal : 3,551 francs.

Balance des soldes au 30 Juin

FOLIOS du Grand Livre	NOMS DES FOURNISSEURS	DÉBITS	CRÉDITS
6	*BARTON*..........................		810 »
17	*MICHAUD*..........................		2750 40
15	*DUPONT*..........................	69 40	
		69 40	3620 40
	A déduire..............		69 40
	Solde réel à ce jour..........		3551 »

CHAPITRE VI

95. BUREAU DE LA COMPTABILITÉ DES ACHETEURS OU DÉBITEURS

Ce bureau recevra les livres *des débits*, de la main des tribuns ou des autres employés chargés de débiter les clients.

Il tiendra un journal des ventes et des paiements faits par les débiteurs.

96. JOURNAL DES DÉBITEURS

	MOIS DE JUIN 1890	DOIT	AVOIR
1	*Doit JACQUIN*, 15, rue Biot. Un costume faille......................	430 75	
	—————— 1er JUIN ——————		
2	*Doit MANTEL*, 11, rue de Mogador. 2 chapeaux, ensemble....................	210 »	
	—————— 1er JUIN ——————		
1	*Avoir JACQUIN*, 15, rue Biot. Son paiement pour solde............		430 75
	—————— 15 JUIN ——————		
2	*Avoir MANTEL*, 11, rue Mogador. Un effet au 31 juillet............. 140 » Espèces pour solde............... 100 »		240 »
	—————— 19 JUIN ——————		
3	*Doit RAVAUT*, 22, rue d'Athènes. 1 costume satin noir....................	563 »	
	—————— 30 JUIN ——————		
4	*Doit BAILLY*, à Bordeaux. 2 costumes sole grise............ 850 » 2 chapeaux...................... 275 » 6 paires de bas......... .... 120 »	1245 »	
	TOTAUX DU MOIS..........	2478 75	670 75
	Solde débiteur............. 1808 » Solde — précédent.... 15642 30		1808 »
	Total.......... 17450 80	2478 75	2478 75

97. GRAND-LIVRE DES DÉBITEURS

Dans ce grand-livre, tous les clients auront leurs comptes. Il est utile de faire remarquer, en passant, que les acheteurs au comptant ou les acheteurs qui ne font que peu d'affaires avec la maison sont portés à un même compte de DÉBITEURS DIVERS.

98. REPORT AU GRAND-LIVRE

Ce grand-livre aura son répertoire. Les folios des comptes des clients seront reportés comme ceux des fournisseurs et le report du journal au grand-livre s'opérera de la même façon.

99. GRAND-LIVRE

1   Doit   JACQUIN, 15, rue Biot, Paris   Avoir   1

1891 Juin	1	Un costume faille	1	a) 430 75	1891 Juin	10	Espèces p. s...	1	a) 430 75

2   Doit   MANTEL, 11, rue de Mogador, Paris   Avoir   2

1891 Juin	1	2 chapeaux....	1	a) 210 »	1891 Juin	15	Un effet au 30 juil.	1	a) 140 »
							Espèces p. s.		a) 100 »

3   Doit   RAVAUT, 22, rue d'Athènes   Avoir   3

1891 Juin	10	1 costume satin noir.........	1	503 »					

4   Doit   BAILLY, à Bordeaux   Avoir   4

1891 Juin	30	2 cost. soie grise	1	850 »					
		2 chapeaux....	1	275 »					
		6 paires de bas.	1	120 »					

100. BALANCE

Comme nous l'avons déjà dit pour les fournisseurs, nous ne faisons que la balance des soldes.

Durant le mois de juin, nous trouvons :

RAVAUT, qui redoit. . . . . 563 »
BAILLY,   —   . . . . 1245 »
                              Total. . . . . 1808 »

Cette somme représente bien la balance fournie par le journal.

Si nous y ajoutons les soldes des mois précédents, nous trouvons le montant des sommes redues par les débiteurs, savoir :

Solde de Juin . . . . 1808 »
Solde à fin Mai 15642 30
            Soldes à ce jour. 17450 30

CHAPITRE VII

101. SERVICE DE LA CAISSE

Ce service embrasse les recettes et les dépenses de l'affaire.

Les encaissements et les paiements devront être libellés aux livres de caisse d'une façon précise et complète.

Aucune recette, aucune dépense ne devra être faite sans pièce justificative.

Comme conséquence, la cause de l'écriture passée au livre de caisse pourra être prouvée à chaque instant.

102. LIVRE DE CAISSE

C'est le livre sur lequel on inscrit le mouvement des espèces, les recettes et les dépenses.

Ce livre représente le compte du caissier.

Il est divisé en deux parties :

Une où sont inscrites les recettes;

L'autre où sont inscrites les dépenses.

Il est divisé en colonnes : la 1re, pour les dates des opérations; la seconde, pour les numéros des pièces; la 3e, pour les libellés des recettes ou des paiements. Ces libellés se font de diverses manières, quelques caissiers écrivent d'abord le nom de la personne ou du compte qui a donné ou reçu, puis la cause de la recette ou du paiement.

D'autres écrivent simplement :

Payé à tel pour telle cause.

Reçu de   —   —

Quelquefois, le livre de caisse est divisé en colonnes; chacune reçoit les recettes et les dépenses de même nature.

103. MODÈLE DE LIVRE DE CAISSE

Doit. — Le caissier doit au patron pour qui il tient les livres toutes les espèces qu'il a reçues; s'il n'avait rien payé, le total du doit ou des sommes encaissées représenterait exactement les sommes dont il est comptable. Dans quelques affaires, un ou quelques caissiers sont chargés des recettes; d'autres sont chargés des dépenses.

Avoir. — Le patron doit au caissier toutes les sommes payées par ce dernier pour son compte.

Le livre de caisse représente donc bien le compte du caissier envers le chef de la maison.

Le compte du caissier se retrouve au grand-livre où il est moins détaillé.

104. FAIRE SA CAISSE, LA RÉGLER, L'ARRÊTER ET LA ROUVRIR

Faire sa caisse. — Cette expression signifie compter les espèces renfermées dans la caisse ou dans le coffre-fort.

Puis totaliser sur une feuille de papier, à part, le montant des entrées et celui des sorties; faire sur cette feuille la différence des recettes et des dépenses. Le montant de cette différence doit représenter exactement les espèces trouvées en caisse. On l'appelle *solde* ou balance.

Régler sa caisse. — Régler sa caisse, c'est reporter le solde du côté du crédit.

La balance ne doit jamais être au débit ou à l'entrée, qui doit toujours être plus élevé que le crédit ou sortie de la caisse, parce qu'il ne peut pas sortir de la caisse plus d'espèces qu'il n'y en est entré. En reportant la balance au crédit, le caissier simule un paiement; il fait comme s'il remettait à son patron ce qui lui reste en caisse. A la réouverture, il écrit le solde que le patron lui remet; le caissier le prend en charge à nouveau.

Arrêter sa caisse. — Lorsque le solde est reporté, on tire un trait sous les sommes à la même hauteur horizontale; on fait le total des entrées et celui des sorties; ils doivent être égaux entre eux.

Fermer sa caisse. — On tire un double trait sous les totaux trouvés.

Rouvrir sa caisse. — On ouvre à nouveau en reportant le solde en caisse, qui forme la balance de l'avoir, dans la colonne du doit, en écrivant en face la date, puis solde à nouveau ou espèce en caisse.

105. DIFFÉRENTS MODÈLES DE LIVRE DE CAISSE

1   **Recettes**   **LIVRE DE**

1890	1er	Versé dans mon commerce..........................	80.000	»
Février	8	Reçu de Mantel ma facture........................	2.130	»
	14	Reçu de Larue ma facture........................	2.100	»
			84.230	»
1890	15	Solde à nouveau.................................	25.829	»
Février	26	Reçu le montant de la vente au comptant du 26...	1.290	»
			27.119	»
1890	1er	Solde à nouveau.................................	18.117	70
Mars	28	Reçu du Comptoir national d'escompte.............	8.000	»
			26.117	70

CAISSE   Dépenses   1

1890	1er	Versé au Comptoir national d'Escompte..........	30.000 »
Février	3	Versé six mois de loyer d'avance.................	3.000 »
	3	Versé en dépôt à la Compagnie du Gaz..........	210 »
	4	Remis à Fortain en espèces.....................	15.000 »
	5	Payé le transport et l'entrée des vins Barton......	975 »
	6	Payé la facture Barton	3.000 »
	7	Payé le transport des vins Mantel...............	30 »
	11	Payé le transport et l'entrée des vins Ricot.......	1.388 »
	12	Payé la facture Ricot à Roques, son représentant..	4.800 »
		Balance............	25.820 »
			81.230 »
1890	15	Payé à la charge de Chevrant transport et entrée..	36 »
Février	17	Payé transport et entrée des vins Joussot........	1.940 »
	27	Acheté comptant de Verdier 30 pièces de Bordeaux.	5.700 »
	28	Payé les employés.............................	650 »
	28	Menus frais du mois...........................	175 30
	28	Dépenses personnelles.........................	500 »
		Balance............	18.117 70
			27.119 »
1890	3	Payé le transport des vins Guy.................	1.183 »
Mars	10	Payé le transport des vins Barton..............	1.455 »
	15	Payé le transport des vins Joussot.............	911 »
	21	Payé la note du camionneur....................	148 45
	22	Payé au tonnelier.............................	240 »
	25	Payé le gaz du mois...........................	38 55
	31	Payé la traite Guy............................	2.750 »
	31	Payé la traite Joussot.........................	2.715 »
	31	Payé les menus frais..........................	148 50
	31	Payé les employés............................	650 »
	31	Relevé pour mes dépenses......................	600 »
		Balance............	15.245 20
			26.117 70

1   **Doit ou Entrées**   **LIVRE DE**
Recettes. — Encaissements.

Date		N° des pièces comptées	Libellé		
1890	1		Solde à nouveau......................	13.643	20
Juin		1	Hamon, reçu ma facture..............	1.435	60
		2	Portefeuille, encaissé l'effet n° 12......	642	30
		3	Marchandises, ventes comptant.......	2.183	75
		4	Millaud, son paiement à compte......	1.856	20
				18.761	05
	2		Solde à nouveau......................	13.122	80
		5	Joublan, reçu ma facture p. s..........	2.634	50
		6	Godet, reçu ma facture p. s............	8.742	20
		7	Natal, reçu acompte..................	6.000	»
		8	Dumont, reçu acompte...............	2.000	»
		9	Marchandises, ventes comptant.......	1.248	50
		10	Portefeuille, encaissé l'effet n° 24......	3.256	40
		11	Actions, ma vente nette, 5 Crédit foncier.	6.528	40
				43.532	80
	3		Solde à nouveau......................	14.466	45

CAISSE

Avoir ou Sorties 1

Dépenses. — Paiements

		N°s des pièces compt.les			
1890	1	1	*Effets à payer*, payé l'effet n° 8.......		1.256 50
Juin		2	*Frilley*, payé sa facture................		325 60
		3	*Verdot*, payé son relevé, escompte 3 °/o		1.456 20
		4	*Marchandises*, achats comptant.......		2.134 20
		5	*Frais généraux*, payé à la Cie des Eaux.		325 75
		6	*Dépenses personnelles*, mon tailleur, Un complet.........................		140 »
			Balance........		13.122 80
					18.761 05
	2	7	*Gardet*, payé sa facture,...............		1.530 45
		8	*Grandin*, payé son relevé p. s.........		4.852 60
		9	*Effets à payer*, payé l'effet n° 15.......		6.735 60
		10	*Marchandises*, achats comptant.......		2.842 10
		11	*Frais généraux*, payé le gaz..........	148 35	
			— — timbres poste.....	48 30	
			— — timbres d'effets...	193 »	
			— — pour solde de ma patente.........	110 35	503 »
		12	*Verdot*, payé sa facture p. s...........		4.602 60
		13	*Carré*, payé a. c,........		3.000 »
		14	*Mignon*, payé a. c.....................		5.000 »
			Balance........		14.466 45
					43.532 80

1   Doit   LIVRE DE

1890	1er	Solde à nouveau.........................		12.643 20
Juin		Débiteurs : Hamon.........................	1.493 60	
		— Millaud.........................	1.856 20	3.291 80
		Portefeuille, effet n° 12.................		642 30
		Marchandises, ventes comptant............		2.183 75
				18.761 05
	2	Solde à nouveau.........................		13.122 80
		Débiteurs : Joublan, ma facture p. s........	2.634 50	
		— Godot, ma facture p. s..........	8.742 20	
		— Narot, reçu à vouloir..........	6.000 »	
		— Dumont, reçu à valoir.........	2.000 »	19.376 70
		Marchandises, ventes comptant............		1.248 50
		Portefeuille, encaissé l'effet n° 4..........		3.256 40
		Actions, ma vente net, 6 Crédit foncier.....		6.528 40
				43.532 80
	3	Solde à nouveau.........................		14.466 45

CAISSE   Avoir   1

1890 Juin	1er			
		Effets à payer............................		1.256 50
		Créanciers : Payé Frilley..................	325 60	
		— Payé Verdot....................	1.456 20	1.781 80
		Marchandises, achats comptant............		2.134 20
		Frais généraux, payé à la Comp. des Eaux.		325 75
		Dépenses personnelles, mon tailleur, un complet..............................		140 »
		Balance.................		13.122 80
				18.761 05
	2	*Créanciers :* Verdot, payé sa facture p. s..	4.602 60	
		— Gardet, payé sa facture.........	1.530 45	
		— Carré, payé acompte............	3.000 »	
		— Grandin, payé son relevé.......	4.852 60	
		— Mignon, payé son relevé	5.000 »	18.985 65
		Effets à payer, payé l'effet n° 15............		6.735 60
		Marchandises, achats comptant		2.842 10
		Frais généraux, payé le gaz..............	148 35	
		— payé timbres poste.........	48 30	
		— payé timbres d'effets......	193 »	
		— payé p. solde de ma patente.	110 35	503 »
		Balance.................		14.466 45
				43.532 80

107. PETITE CAISSE

Dans les affaires, on est souvent obligé de dépenser de petites sommes ne dépassant pas 1 franc.

On donne un pourboire de 0 fr. 10, 0 fr. 15 ou 0 fr. 20; on achète des timbres, on paie du blanchissage, du savon pour les mains, des omnibus, etc.

Au lieu d'inscrire ces petites sommes dans le livre de caisse, on les enregistre dans un petit carnet ou livre de petite caisse, que le caissier doit toujours avoir à la portée de sa main; l'enregistrement se fait sans retard, afin de ne rien oublier.

Assez souvent, le livre est divisé en colonnes, destinées à recevoir les paiements de même nature; ces colonnes sont totalisées et le montant est reporté une seule fois à la fin du mois au livre de caisse.

108. PETITE CAISSE

PETITE CAISSE – JUIN 1890

DATES		REMISES		ECLAIRAGE	DIVERS	ENVOIS	TIMBRES
1890	2	20 »	Pourboire facteur, échant.		1 »		
Juin			Timbres en caisse........				2 50
	4		Envoi Fournier.........			» 85	
			Timbres le 3...........				» 90
	6		Huile à brûler, 1.40; pétrole, 0,70...........	2 10			
			Etrennes Picart.........		2 »		
			Lettre p. Londres, du 14..				» 25
			Envoi Gros à Alais.....			» 85	
			Timbre...............				» 15
	7		Charbon de bois........		» 20		
			Envoi Vial et timbres...			» 15	» 25
	9		Calendrier Acker........		» 50		
	10		Omnibus...............		» 60		
			Etrennes Berville.......		5 »		
		20 »		2 10	9 30	1 85	3 45

Total de la dépense... 16 70
Solde............... 3 30

20 »

CHAPÍTRE VIII

109. BUREAU DES EFFETS

Le bureau des effets classera, dans son portefeuille, les effets arrivés par la correspondance ainsi que ceux qui lui sont remis de la main à la main par les clients, et enfin, ceux que la maison a fournis sur ses débiteurs ou les billets à ordre qui lui ont été souscrits.

110. DES EFFETS DE COMMERCE

Les *effets de commerce* sont des valeurs créées par les commerçants pour faciliter les affaires à crédit.

On peut les classer :

En engagements à payer;

En ordre de payer.

Les engagements à payer s'appellent *billets à ordre;*

Les ordres de payer s'appellent *lettres de change et mandats.*

111. BILLET A ORDRE

Le billet à ordre est un engagement que prend un débiteur envers son créancier de lui payer, à une date fixée, une somme déterminée dont il déclare avoir reçu la valeur.

Deux personnes interviennent dans le billet à ordre :

Le débiteur qui prend l'engagement de payer et qui s'appelle *souscripteur* parce qu'il pose sa signature au bas de l'effet;

Le bénéficiaire ou donneur de valeur, qui est le créancier au profit.où à l'ordre de qui l'effet est créé.

Modèle de Billet à ordre

Paris, le 10 Janvier 1891   **B. P. R. 400 »**

Au vingt Février prochain, je paierai à l'ordre de Monsieur DUGOUR la somme de quatre cents francs, valeur en marchandises.

BERNARD

N° 125.   *Payable à Paris, rue du Jura.*   *N° 35*

Dans le billet ci-dessus :

Bernard est le *souscripteur*;
Dugour est le *bénéficiaire.*

Si le billet n'est pas écrit de la main du souscripteur, il doit, avant de le signer, écrire : *Bon pour la somme de tant de francs*, en toutes lettres.

112. TIMBRE DES EFFETS DE COMMERCE

Tout effet de commerce est assujetti à un timbre de 0 fr. 05 par 100 francs et fractions de 100 francs. Pour un effet de

100 fr. et au-dessous, le timbre est de				0,05
100	à	200	—	0,10
200	à	300	—	0,15
300	à	400	—	0,20
400	à	500	—	0,25
500	à	600	—	0,30

etc., etc., si l'effet est créé ou payable en France.

Si l'effet ne fait que transiter, dans notre pays, il est soumis à un timbre de 0 fr. 50 par 2.000 francs et fractions de 2.000 francs.

Le créateur d'un effet, le preneur, le tiré accepteur sont passibles d'une amende égale à 6 0/0 du montant de l'effet plus les décimes, si l'effet mis en circulation n'est pas timbré ou insuffisamment timbré.

Le droit de timbre est acquitté en faisant timbrer ses effets au bureau du timbre qui fait une remise de 2 0/0, ou au moyen de timbres mobiles.

Ce timbre mobile se place à côté de la signature du souscripteur, au coin, en bas et à droite de l'effet.

Il doit être oblitéré. L'oblitération est faite à l'encre noire; elle porte le lieu et la date de création et la signature du souscripteur; elle peut être faite au moyen d'un timbre ou d'une griffe.

Si l'effet vient de l'étranger, le timbre se place à côté de l'acceptation ou au dos avant tout endossement en France.

Pour les warrants, le timbre s'applique au dos avant tout endossement.

113. ÉCHÉANCES DES EFFETS DE COMMERCE

L'échéance d'un effet de commerce est la date à laquelle il est payable. Un effet peut être payable :

1° *A vue* ou *à présentation*, c'est-à-dire dès que l'effet est présenté au tiré.

L'effet commence ainsi : *A vue, veuillez payer*, etc.

2° *A délai de vue*, c'est-à-dire un certain temps après que le tiré a vu l'effet.

Ce temps peut être exprimé en *jours*, en *mois* ou en *usances*.

L'effet commence ainsi :

A huit jours de vue, veuillez payer, etc.; ou : *A trois mois de vue, veuillez*, etc.; ou : *A deux usances de vue, veuillez*, etc.

La date de l'acceptation fixera l'échéance qui, jusqu'alors, est indéterminée.

Dans la pratique, lorsque l'échéance a été déterminée par l'acceptation, on l'écrit à l'encre rouge au-dessus de l'effet.

Ex.: Le dix janvier, nous acceptons un effet payable *à huit jours de vue;* on écrira aussitôt au-dessus de l'effet *18 janvier;* c'est, en effet, le 18 janvier que l'effet devra être payé.

3° *A délai de date.* Le délai peut aussi être exprimé en jours, mois ou usances. Ainsi : Un effet est daté du quinze janvier et porte : *A quinze jours de date*, veuillez payer, etc. Il sera payable le 30 janvier.

4° *A échéance fixe*, déterminée par une date précise.

Ex.: *Au dix mars prochain, veuillez*, etc. C'est le 10 mars que l'effet sera payable.

5° On faisait autrefois des effets payables *en foire;* alors l'effet était payable la veille de la clôture de la foire ou le jour de la foire, si elle ne durait qu'un jour.

Si l'échéance d'un effet tombe un dimanche ou un jour férié légal, il est payable la veille.

114. DE LA LETTRE DE CHANGE

La lettre de change est un ordre de payer adressé par un créancier à son débiteur.

Modèle de Lettre de change

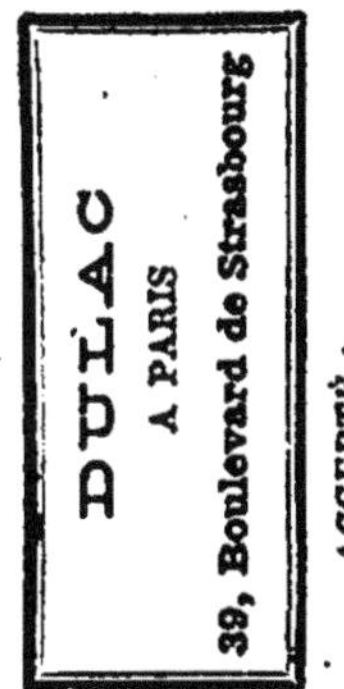

Paris, le 10 Janvier 1891.   B. P. H. 600 »

Au dix Mars prochain, veuillez payer pa. cette présente de change à l'ordre de M. FABRE la somme de Six cents francs, valeur en compte que passerez suivant avis de

A Monsieur BERGER   **DULAC**
rue du Loing, nº 40,
à Nevers (Nièvre).
Nº 125

Pour qu'une lettre de change soit parfaite, il faut l'intervention de trois personnes :

1º Du créancier qui invite à payer et s'appelle le *tireur;*

2º Du débiteur qui doit payer et qui prend le nom de *tiré;*

3º Du preneur de l'effet à l'ordre de qui il est créé, qui s'appelle : *Bénéficiaire* ou *donneur de valeur.*

Dans la traite ci-dessus :

Le tireur est M. Dulac; le tiré, M. Berger; et le bénéficiaire M. Fabre.

115. ACCEPTATION

Lorsque le porteur d'une lettre de change veut que le *tiré* s'engage à la payer, il la lui fait présenter à l'acceptation.

Le tiré doit l'*accepter* dans les vingt-quatre heures de sa présentation.

Il est écrit sur la lettre de change, en travers, entre la vignette et le corps, le mot : *Accepté.* Il signe au-dessous.

L'acceptation doit être datée lorsque l'échéance de la lettre de change est à délai de vue.

Si l'échéance d'une lettre de change est stipulée ainsi : A quinze jours de vue, veuillez payer, etc., l'acceptation doit fixer l'échéance de l'effet.

La formule de l'acceptation devient alors :

ACCEPTÉ

Paris, le .... 18 ....

(SIGNATURE)

116. ENDOSSEMENT OU ENDOS

L'endos d'un effet est l'acte au moyen duquel le porteur d'un effet en fait la cession à un tiers, qui lui en fournit ou lui en fournira la valeur.

La formule de l'endos est ainsi conçue :

Payez à l'ordre de Monsieur un tel, valeur reçue en. . . . .

Paris, le   189

(SIGNATURE DE L'ENDOSSEUR)

L'endossement s'écrit au dos, *en travers* de l'effet, en commençant au bout opposé à la vignette.

117. ENDOSSEMENT IRRÉGULIER

Si l'une des mentions ci-dessus manque, l'endos est irrégulier et n'opère pas la cession de l'effet; c'est un endos de procuration.

118. ENDOSSEMENT EN BLANC

Pour endosser un effet en blanc, le cédant appose sa signature au dos le cet effet.

119. SOLIDARITÉ

Tous les signataires d'un effet sont garants de son paiement envers le porteur, en vertu du principe de solidarité.

120. ALLONGE

Lorsque le dos des effets est rempli par les endos, on colle une feuille de papier libre au bout de l'effet, afin de pouvoir y placer de nouveaux endos. Cette feuille s'appelle *allonge*

121. PAIEMENT DES EFFETS

Le paiement d'un effet doit avoir lieu le jour même de son échéance.

Il doit être acquitté par le dernier porteur et remis au tiré, au souscripteur ou au payeur pour compte.

Le paiement d'un effet avant l'échéance expose le débiteur à le payer une seconde fois, s'il a effectué le paiement à une personne ayant volé ou trouvé l'effet ou à un porteur en état de faillite.

122. REFUS DE PAIEMENT

Si le débiteur refuse de payer l'effet le jour de l'échéance, le porteur doit le remettre à un huissier qui dresse un protêt faute de paiement le lendemain de l'échéance.

123. PROTÊT

C'est un acte dressé par un huissier constatant le refus d'accepter ou de payer un effet.

Si le protêt n'est pas dressé le lendemain de l'échéance, le porteur perd ses droits contre les endosseurs et même contre le tireur, si ce dernier prouve qu'il avait fait provision.

124. DÉNONCIATION DU PROTÊT

Dans les quinze jours qui suivent le protêt, le porteur doit le *dénoncer* aux signataires de l'effet de qui il veut exiger le remboursement.

L'acte de dénonciation porte en même temps assignation à comparaître devant le tribunal de commerce.

125. AVAL

L'*aval* est un engagement écrit pris par un tiers, étranger à l'effet, qui se porte garant du paiement de cet effet.

L'aval est donné pour faciliter la négociation des effets. Il s'écrit sur l'effet lui-même, se place au-dessous de la signature du *cautionné* et se formule ainsi : *Bon pour aval*, ou simplement : *Pour aval*, et au-dessous la signature du donneur d'aval.

126. BESOIN

Si le tireur ou l'un des porteurs veut éviter un protêt, il recommande à un correspondant du lieu où l'effet est payable de le payer ou de l'accepter pour son compte, dans le cas où le tiré refuserait d'accepter ou de payer.

La formule du besoin est la suivante :

Au besoin chez M. Un tel.

Celui qui écrit le besoin s'appelle *recommandataire* ou *besoin*.

127. MANDAT

Le mandat est une invitation à payer adressé par un créancier à son débiteur. Il diffère très peu de la lettre de change.

Modèle de mandat

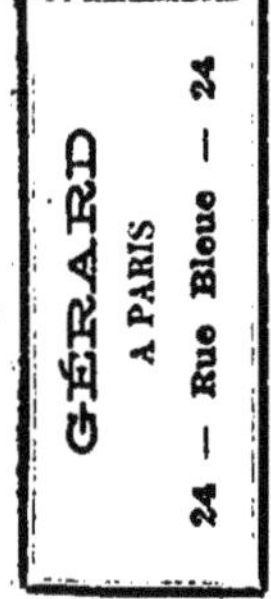

Paris, le 10 Janvier 1891. B. P. R. 3000 »

Au dix avril prochain, veuillez payer contre ce mandat à l'ordre de moi-même la somme de Trois mille frs, valeur en moi-même que passerez suivant avis de

A Monsieur MANTEL, **GÉRARD**
à Paris.
rue Halévy, n° 10.
N° 127

Sans frais. — Assez souvent le tireur d'un mandat écrit au-dessous de sa signature, *sans frais*.

Ces mots, qui doivent être répétés par tous les endosseurs, sont une invitation adressée par le créateur d'un effet aux divers porteurs successifs, de ne pas faire de frais à l'échéance si l'effet n'est pas payé et un engagement de le rembourser sur simple présentation.

Cette mention se place surtout sur les effets de petites coupures.

Motifs du refus. — On ajoute quelquefois à la suite des mots *sans frais :* Motifs du refus. Par ces mots, on prie le tiré de vouloir indiquer le motif pour lequel il n'a pas payé.

128. LIVRES EN USAGE DANS LE COMMERCE POUR SUIVRE LE MOUVEMENT DES EFFETS

Il est d'usage de tenir : 1° Un *copie d'effets à recevoir;* 2° Un *copie d'effets à payer;* 3° Un *carnet a'échéances des effets à recevoir,* ou de noter les effets et les factures à recevoir sur un agenda; 4° Un *carnet d'échéances d'effets à payer,* ou de noter ses échéances sur un agenda.

129. COPIE D'EFFETS A RECEVOIR

On copie sur ce livre tous les effets que l'on doit encaisser.

A gauche, on inscrit les effets entrés dans la maison, quelle que soit la source d'où ils viennent.

A droite, on inscrit les effets sortis de la maison. Chaque colonne porte un entête explicatif.

L'effet étant en main, on écrit son numéro d'ordre à la fois sur l'effet et sur le livre, puis à la suite, sur la même ligne, les mentions réclamées par les entêtes des colonnes.

130. CARNET D'ÉCHÉANCES D'EFFETS A RECEVOIR

Sur ce carnet, tenu *par jour, par huitaine* ou *par mois,* on inscrit tous les effets à encaisser le même jour ou dans une huitaine déterminée, ou dans un mois fixé.

COPIE D'EFFETS

DATES D'ENTRÉES		NUMÉROS		Nature des Effets	CÉDANTS		TIRÉS ou SOUSCRIPTEURS		ÉCHÉANCES		SOMMES	OBSERVATIONS
		d'Entrées	de Sorties		NOMS	ADRESSES	NOMS	ADRESSES lieux de paiement				
1891 Janv.	4	101	103	T	Thiriet	Paris	Thiriet	Paris	31	Janv.	120 30	Pair
	5	102	104	M.	—	—	Daly	Orléans	20	Févr.	4.200 »	Agio 24 50
	7	103	105	B.	Husson	Argenteuil	Larue	Paris	28	—	526 30	Pair
	9	104	—	T.	—	—	Chauvet	—	10	Mars	742 50	—
	13	105	—	T.	—	—	Mantel	—	20	—	1.535 20	Agio 24 50
	18	106	101	T.	Bardin	Paris	Dufils	Sens	31	Janv.	1.210 15	Pair
	21	107	102	T.	—	—	Perrin	Melun	—	—	38 10	—
	27	108	—	T.	—	—	Girod	Paris	28	Févr.	20 »	—
	31	109	—	T.	Michard	Soissons	Guyot	—	—	—	2.110 15	—
Total du mois............											10.504 50	

A RECEVOIR

Sortics

DATES DE SORTIES		NUMÉROS		CESSIONNAIRES		ÉCHÉANCES		SOMMES	OBLIGATIONS
		DE SORTIES	D'ENTRÉES	NOMS	ADRESSES				
1891	10	106	101	Vernes et Cie	Paris	31	Janvier	1.210 15	
Janvier	—	102	107	—	—	—	—	38 90	Agio 7 15
	20	103	101	Jobon	—	31	—	120 30	Fournisseur
	31	104	102	Crédit lyonnais	Paris	20	Février	4.200 »	Compte cour.
	—	105	103	—	—	28	—	526 30	A l'encompte
					Total du mois.......................			6.095 65	

Modèle de copie d'effets à recevoir (CÔTÉ GAUCHE)

132. Modèle de Carnet d'échéances des Effets à recevoir et de Factures à encaisser

DATES D'ENTRÉE		NUMÉROS des EFFETS	Nature des Effets	CÉDANTS		PAYEURS		ÉCHÉANCES		SOMMES PAR EFFET	OBSERVATIONS
				NOMS	ADRESSES	NOMS	ADRESSES				
						Mois	de	Janvier			
Janv.	4	101	T.	Thiriet	Paris	Thiriet	Paris	31	Janv.	120 30	Jolou
—	18	106	T.	Bardin	—	Dufils	Sens	—	—	1.210 15	Vernes et Cie
—	21	107	T.	—	—	Perrin	Melun	—	—	38 90	—
						Mois	de	Février			
Janv.	5	102	M.	Thiriet	Paris	Daly	Orléans	20	Févr.	4.200 »	Crédit Lyonnais
—	7	103	B.	Husson	Argenteuil	Larue	Paris	28	—	526 30	—
—	27	108	T.	Bardin	Paris	Girod	—	—	—	20 »	—
—	31	109	T.	Michard	Soissons	Guyot	—	—	—	2.110 15	—
						Mois	de	Mars			
Janv.	9	104	T.	Husson	Argenteuil	Chauvet	Paris	10	Mars	742 50	Crédit Lyonnais
—	13	105	T.	—	—	Mantel	—	29	—	1.536 20	—

183. COPIE D'EFFETS A PAYER

On inscrit sur ce livre les billets à ordre souscrits par la maison, les traites qu'elle a acceptées ét celles dont elle est avisée.

Les effets à payer sortent d'abord de la maison; ils n'y rentrent qu'à leurs échéances lorsqu'ils sont payés.

Modèle de Copie d'effets à payer

Sortics   **EFFETS A PAYER**   Entrées

DATES de l'effet de l'acceptation ou de l'avis de traite		Numéros des Effets	Nature de l'Effet	BÉNÉFICIAIRES ou TIREURS		SOMMES A PAYER	DATES de RENTRÉE ou ÉCHÉANCES		SOMMES PAYÉES	OBSERVATIONS
				NOMS	ADRESSES					
1891	3	1	B.	Dupont	Paris	220 50	Janv.	31	220 50	
Janv.	7	2	T.	Rache	Lyon	1.100 »	—	31	1.100 »	
	9	3	T.	Lezon	—	2.104 20	—	—	2.104 20	
	15	4	M.	Merle	Paris	87 90	Févr.	10		
	20	5	T.	Fabre	Rouen	642 30	—	25		
	23	6	M.	Cladel	—	858 30	—	28		
	28	7	T.	Tremblay	Lille	650 40	—	—		
	20	8	T.	Verbin	—	49 50	—	—		
				TOTAUX DU MOIS...		5.668 80				

134. CARNET D'ÉCHÉANCES DES EFFETS A PAYER

Dans ce carnet, le commerçant prend note des effets qu'il doit payer.

Il est tenu par *mois*, par *jour* ou par *périodes de temps* plus ou moins longues.

Modèle de Carnet d'échéances des effets à payer

Sorties   **EFFETS A PAYER**   **Entrées**

DATES de l'effet de l'acceptation ou de l'avis de traite	Numéros des Effets	Nature de l'Effet	BÉNÉFICIAIRES ou TIREURS		SOMMES A PAYER	DATES des RENTRÉES ou ÉCHÉANCES		OBSERVATIONS
			NOMS	ADRESSES				
			Mois	**de**	**Janvier**			
1891	8	1	B.	Dupont	Paris	220 50	Janv.	31	Payé
Janv.	7	2	T.	Racle	Lyon	1.100 »	—	—	Payé
	9	3	T.	Lezon	—	2.104 »	—	—	Payé
			Mois	**de**	**Février**			
1891	15	4	M.	Merle	Paris	37 60	Janv.	31	
Janv.	20	5	T.	Fabre	Rouen	642 30	—	—	
	23	6	M.	Cladel	—	858 30	—	—	
	28	7	T.	Tremblay	Lille	686 40	—	—	
	20	8	T.	Verlin	—	49 50	—	—	

CHAPITRE IX

135. — BUREAU DE LA COMPTABILITÉ CENTRALE

La Comptabilité centrale est tenue en partie double; elle réunit, sans les détailler, toutes les opérations des bureaux que nous venons d'étudier.

Nous pensons que c'est ici le moment d'exposer les principes de la théorie de la Tenue des Livres en partie double.

136. — TENUE DES LIVRES

Les principes sur lesquels repose la Tenue des Livres en partie double sont les suivants :

1º *Tout débiteur* a pour contre partie un *créditeur;*

2º Et *tout créditeur* a pour contre partie un *débiteur;*

3º Celui qui *reçoit doit* à *celui qui donne;*

4º Celui qui *donne* à un *avoir* chez *celui qui reçoit :*

5º Le *patron de la maison* étant toujours une des parties contractantes dans les affaires qui se font chez lui, figurera toujours *comme débiteur* ou *comme créancier* dans chacun des *articles de son journal.*

6º On ne retranche pas les *sommes payées* des *sommes reçues;* on les porte au Crédit ou au Débit des comptes. En d'autres termes, on débite celui qui reçoit alors même qu'il reçoit ce qui lui est dû et on le crédite lorsqu'il remet ce qu'il doit.

137. — APPLICATION

Appliquons ces principes aux opérations suivantes faites par M. Claperon dans le courant du mois de Janvier :

Brouillard de Janvier 1891

1re opération. — Janvier,		4. — Acheté de *Morel* des marchandises pour............................	3.400	»
2^e	—	—	5. — Payé à *Morel* ces marchandises...	3.400	»
3^e	—	—	6. — Vendu à *Guyot* des marchandises pour.........................	2.000	»
4^e	—	—	7. — Reçu de *Guyot* ma facture.........	2.000	»
5^e	—	—	8. — Acheté de *Morel* des marchandises pour............................	1.500	»

3e	—	—	9. — Vendu à *Guyot* des marchandises.	800	»
7e	—	—	10. — Souscrit à l'ordre de *Morel* un billet au 27 février pour solde...	1.500	»
8e	—	—	11. — Reçu de *Guyot* un billet à mon ordre au 15 mars,.............	800	»
9e	—	—	12 — Endossé ce billet à l'ordre du Comptoir d'escompte..........	800	»

Ana'yse

1re opération. — Claperon est *débiteur* puisqu'il a reçu, et Morel est *créditeur* puisqu'il a donné.

On passera donc au Journal :

—————————— 4 JANVIER ——————————

Claperon doit à *Morel* les marchandises que ce dernier lui a livrées.   3.400   »

2e opération. — Morel est *débiteur* puisqu'il a reçu, et Claperon est *créditeur* puisqu'il a donné.

On écrira donc au Jonrual :

—————————— 5 JANVIER ——————————

Morel doit à *Claperon* les espèces que ce dernier lui a remises.....   3.400   »

3° opération. — Guyot *doit* puisqu'il a reçu, et Claperon a à son *crédit* puisqu'il a donné.

—————————— 6 JANVIER ——————————

Guyot doit à *Claperon* les marchandises que ce dernier lui a livrées.   2000   »

4e opération. — Claperon *doit* puisqu'il a reçu, et Guyot a à son *avoir* les sommes qu'il a remises.

D'où le Journal :

—————————— 7 JANVIER ——————————

Claperon doit à *Guyot* les espèces qu'il a reçues de ce dernier....   2.000   »

5e opération. — Qui a reçu ? *Claperon.*
Qui a donné ? *Morel,* donc :

—————————— 8 JANVIER ——————————

Claperon doit à *Morel* les marchandises qu'il a reçues.............   1.500   »

6ᵉ opération. — Qui a reçu? *Guyot.*
Qui a donné? *Claperon,* donc :

---

9 JANVIER

Guyot doit à *Claperon* les marchandises qui lui ont été livrées.....   800 »

7ᵉ opération. — Qui a reçu? *Morel.*
Qui a donné? *Claperon,* donc :

---

10 JANVIER

Morel doit à *Claperon* le billet que ce dernier lui a remis...........   1.500 »

8ᵉ opération. — Qui a reçu? *Claperon.*
Qui a donné? *Guyot,* donc :

---

11 JANVIER

Claperon doit à *Guyot* le billet que ce dernier a souscrit à son profit
et qu'il lui a remis...   800 »

9ᵉ opération. — Qui a reçu? *Comptoir d'Escompte.*
Qui a donné? *Claperon,* donc :

---

12 JANVIER

Comptoir d'Escompte doit à *Claperon* le billet que ce dernier lui a
endossé...   800 »

138. — REMARQUES

Le nom du chef de la maison : *Claperon,* se trouve dans chacun des articles du Journal traduisant les opérations commerciales qu'il a faites; le débit de son compte est égal au crédit des totaux des comptes des personnes avec qui il a opéré et son crédit représente leur débit. De cette manière de procéder, résulte un contrôle qui permet de s'assurer qu'aucune omission n'a été faite dans le report des écritures du Journal au Grand-Livre et qu'un rapport constant existe entre ces deux livres. Mais afin d'assurer plus d'ordre et plus de clarté dans l'affaire, on remplace le nom du chef de maison par le nom des valeurs dont on veut suivre et contrôler les mouvements.

Quand il y aura eu un mouvement d'espèces ou de billets de banque, on remplacera le nom de Claperon par *Caisse.* On créera ainsi le *compte Caisse* où sera enregistré le mouvement des espèces.

S'il y a eu mouvement de marchandises, c'est-à-dire *entrée* ou *sortie*, le nom du *patron* sera remplacé par *Marchandises*.

Le *compte Marchandises*, ainsi créé, recevra l'enregistrement des marchandises achetées ou vendues.

S'il y a entrée ou sortie d'*Effets à recevoir*, on remplacera le nom du patron par *Portefeuille* ou *Effets à recevoir*. On aura le *compte Effets à recevoir* où seront portées les entrées et les sorties du Portefeuille.

Si l'on a donné ou reçu des *Effets à payer*, on met à la place du nom du patron : *Effets à payer*. A ce compte, *Effets à payer*, seront enregistrés les Effets à payer entrés et sortis de la maison.

En appliquant ces règles aux opérations proposées plus haut et en remplaçant partout le nom de *Claperon* par la chose mouvementée, nous inscrirons les opréations ci-dessus dans la forme suivante qui est celle du Journal en partie double.

139. — JOURNAL DE CLAPERON

1re opération :

——————————————— 4 JANVIER ———————————————

Marchandises à Morel

Mon achat...... .... 3.400 »

Nous mettons *Marchandises* au lieu de *Claperon* parce que la maison a reçu des marchandises; qu'il y eu mouvement de marchandises.

2e opération :

——————————————— 5 JANVIER ———————————————

Morel à Caisse

Mon paiement.................. .... 3.400 »

Nous mettons *Caisse* au lieu de *Claperon* à cause du mouvement d'espèces qui a eu lieu.

3e opération :

——————————————— 6 JANVIER ———————————————

Guyot à Marchandises

Ma vente............................. .... 2.000 »

Nous mettons *Marchandises* au lieu de *Claperon* à cause de la sortie des marchandises qui s'est faite.

4e opération :

———————————————— 7 JANVIER ————————————————

Caisse à Guyot

Son paiement........ ....,....................................... 2.000 •

Nous remplaçons le nom de *Claperon* par Caisse à cause du mouvement d'espèces.

5e opération :

———————————————— 8 JANVIER ————————————————

Marchandises à Morel

Mon achat.............'... 1.500 »

Claperon est remplacé par *Marchandises* parce qu'il est entré des marchandises dans la maison.

6° opération :

———————————————— 9 JANVIER ————————————————

Guyot à Marchandises

Ma vente............,............................!...................... 800 •

Claperon est remplacé par Marchandises parce qu'il est sorti des marchandises de la maison.

7° opération :

———————————————— 10 JANVIER ————————————————

Morel à Effets à payer

N° 1 M/ billet à son ordre au 15 mars......,..............:............. 800 »

On a mis *Effets à payer* au lieu de *Claperon* parce qu'il est sorti un effet de la maison.

8e opération :

———————————————— 11 JANVIER ————————————————

Effets à recevoir à Guyot

N° 1 S/ billet à mon ordre au 15 mars,................................ 800 »

On a écrit *Effets à recevoir* au lieu de *Claperon* parce qu'il est entré un effet à recevoir dans le Portefeuille.

9ᵉ opération :

12 JANVIER

Comptoir d'Escompte à Effets à recevoir.

Endossé l'effet nᵒ 1.. 800 »

On a encore substitué Effets à recevoir au nom de *Claperon* parce qu'il est sorti un effet de la maison.

141. — DES COMPTES

On continuera ainsi à substituer au nom de Claperon les noms des valeurs mouvementées, c'est-à-dire de celles qui sont entrées dans la maison et de celles qui en sont sorties.

Pour les mêmes raisons, on remplacera aussi le nom du patron par celui des valeurs qu'il peut avoir dans d'autres magasins, dans des succursales, ou dans des lieux quelconques, en déterminant par un qualificatif clair le produit ou la chose dont il s'agit.

Ces comptes *Caisse, Marchandises, Effets à recevoir, Effets à payer, Actions, Obligations,* etc., représentent les valeurs auxquelles ils sont affectés.

On peut aussi considérer qu'ils représentent les employés placés à la tête de chacun de ces services, d'où il résulte que la *maison* pourra, à chaque instant, demander à ces chefs de la Caisse, des Marchandises, du Portefeuille, etc., leur situation et se rendre ainsi rapidement compte des résultats acquis.

142. — DU CAPITAL

Le Patron qui effectue un apport dans sa maison est crédité de cet apport sous *son nom patronymique* ou bien encore le plus souvent sous le nom de *Capital.* La maison de commerce qui reçoit les valeurs apportées est considérée comme une personne morale. Son chef devient un prêteur et, en cette qualité, il est créancier de sa Maison. Si elle vient à liquider, il doit, quand tous les autres créanciers ont été payés, retrouver dans sa Caisse les fonds qu'il y a apportés.

Il doit y retrouver, en plus de ses versements à l'origine de l'affaire, les bénéfices réalisés si elle a prospéré, et en moins les pertes que la Maison a pu éprouver, si cette dernière éventualité s'est produite.

Le commerçant ou, ce qui est tout un, le *Capital*, devra supporter toutes les charges qui pèsent sur l'exploitation et recueillir tous les bénéfices qu'elle donnera. Il sera donc débité de tous les frais, charges, rabais, etc., par contre, le correspondant ou le bureau, qui supportera la perte, en sera crédité.

Il sera crédité de tous les profits ou bénéfices, de quelque source qu'ils viennent, tandis que le bureau ou le tiers qui les aura procurés en sera débité.

Appliquons ces principes aux opérations suivantes :

143. — BROUILLARD DE M. CLAPERON

1re opération. — Janvier, 13. — Versé dans ma caisse commerciale.	30.000	»
2e — — 14. — Prélevé pour payer un complet...	120	»
3e — — 15. — Prélevé pour payer une facture de coke..........................	115	»
4e — — 16. — Accordé à *Perrin* sur mes fournitures un rabais................	500	»
5e — — 17. — *Michaud* m'accorde un rabais de.	300	»
6e — — 18. — Perdu un billet de banque de....	100	»
7e — — 19. — Prélevé pour payer les employés.	4.000	»

La Maison, que nous considérons comme une *personne morale*, reçoit, de son Chef, des fonds, des valeurs, des marchandises, etc., qu'elle distribue à ses chefs de service de *Caisse*, de *Marchandises*, etc. Au lieu de *débiter* ou de *créditer* la Maison de ce qu'elle a reçu ou donné, nous débiterons ou nous créditerons ses chefs de service.

Puisque le *Patron* est considéré comme un *créancier* lorsqu'il *donne quelque chose* aux divers services de sa maison, on peut bien aussi le considérer comme un débiteur lorsqu'il en retire quelque chose.

Nous passerons alors au *Journal*, les opérations ci-dessus comme suit :

Analyse des opérations

1re opération. — La caisse ayant reçu des espèces sera débitée et le patron qui a versé sera crédité sous le nom de *Capital*.

D'où l'article du Journal :

———————————————— **13 JANVIER** ————————————————

Caisse à Capital

Mon versement espèces...................................... 30.000 »

2ᵉ opération. — Le patron, ayant reçu de sa Caisse, sera débité sous son nom ou plutôt sous le nom de Capital et la Caisse ayant donné sera créditée.

On écrira donc au Journal :

———————————————— **14 JANVIER** ————————————————

Capital à Caisse

Reçu de mon caissier pour payer un vêtement complet........... 120 »

3ᵉ opération. — Qui a reçu? — Le patron.
Qui a donné? La Caisse; d'où :

———————————————— **15 JANVIER** ————————————————

Capital à Caisse

Reçu de ma caisse pour payer une facture de coke.............. 115 »

4ᵉ opération. — Le patron doit être débité de la somme qu'il fait perdre à un de ses chefs de service. Et *Perrin* doit être crédité *du rabais* qui lui est accordé, puisqu'il ne doit plus cette somme ou qu'il la doit en moins.

———————————————— **16 JANVIER** ————————————————

Capital à Perrin

Rabais accordé.. 500 »

5ᵉ opération. — *Michaud* doit être débité du rabais qu'il fait puisqu'il ne lui est plus dû, et le *patron* doit en être crédité parce que c'est un profit pour lui.

———————————————— **17 JANVIER** ————————————————

Michaud à Capital

Rabais en ma faveur... 300 »

6ᵉ opération. — Le *patron* sera débité du Billet perdu et la *Caisse* en sera créditée.

On aura :

------------------------ 18 JANVIER ------------------------

Capital à Caisse

Perdu un billet de banque ...., 100   »

7ᵉ opération. — Le *patron* sera débité des espèces qu'il retire pour payer ses employés et la *Caisse* en sera créditée.

------------------------ 19 JANVIER ------------------------

Capital à Caisse

Prélevé pour payer les employés .... 4.000   »

144. SUBDIVISIONS DU COMPTE CAPITAL

D'après ce système, on voit que le Capital jouerait toutes les fois que, pour un motif quelconque, ce Capital s'est accru et que, pour une cause quelconque, il a été diminué. On pourrait, en effet, considérer une Tenue des Livres comme complète dès qu'elle fonctionnerait avec les cinq comptes généraux que nous venons de voir : *Caisse, Marchandises, Effets à Recevoir, Effets à Payer, Capital*.

Les résultats acquits et les changements apportés au Capital par les affaires pourraient facilement être déterminés.

Mais une affaire demande à être bien éclairée: en débitant le compte Capital des sommes que le patron retire de l'affaire et le créditant des des sommes qui y sont apportées, on obtient, en gros, les résultats produits sur le Capital par ces retraits ou ces versements ou ces rabais ou ces frais, mais les détails font défaut; on ne perçoit pas assez clairement sur quoi portent les dépenses, les pertes et les profits, les escomptes e les rabais, etc. On a subdivisé ces recettes, ainsi que les profits et pertes, en *Frais Généraux, Escomptes et Rabais, Intérêts et Agios, Dépenses personnelles*, etc.

Par suite de cette division, on est arrivé à la création des comptes de :

Frais généraux qui représentent les frais nécessaires à la marche d'une affaire sans pouvoir s'appliquer à une chose spéciale.

Escomptes et Rabais qui représentent les diminutions sur factures.

Lorsque c'est la maison qui accorde ces rabais, le compte Escompte et Rabais en est débité, et lorsque c'est elle qui en profite, il en est crédité.

Intérêts et agios, qui représentent les intérêts des capitaux placés ou empruntés et les escomptes, commissions et changes de sur les effets.

Lorsque les intérêts ou les agios sont à la charge de la maison, elle est *débitée*, elle est *créditée* lorsqu'ils sont à son profit.

Profits et pertes, qui représentent les pertes et les profits non classés. Les pertes vont au *débit* du compte, tandis que les profits vont au *crédit*.

Dépenses personnelles. — Ce compte représente les dépenses du chef de maison pour son intérieur. Elles sont en quelque sorte la rémunération accordée à un employé supérieur. Elles doivent figurer dans les livres aux termes de l'article 8 du code de commerce. Elles ne doivent pas être trop élevés sous peine de banqueroute.

Commissions et Courtages. — Ce sont les commissions et les courtages en faveur de la maison ou à sa charge. Au profit de la maison, ils sont portés au *crédit* du compte; s'ils sont à sa charge, ils vont au *débit*.

On peut, selon les besoins, créer quantité d'autres comptes : Publicité, Voyages, Représentations, etc., etc.

On arrive alors à donner au journal la forme suivante :

145. JOURNAL DE CLAPERON

1re opération :

——————————— 13 JANVIER ———————————

Caisse à Capital

Versé dans mon commerce.. 30.000 .

2e opération :

——————————— 14 JANVIER ———————————

Dépenses personnelles à Caisse

Payé un complet... 120 »

Nous mettons *dépenses personnelles* parce qu'il s'agit de dépenses faites pour les besoins particuliers du patron.

3e opération :

—————————— 15 JANVIER ——————————

Frais généraux à Caisse

Payé une facture de coke.. 120 »

Nous écrivons *Frais Généraux* parce qu'il s'agit d'une dépense nécessaire à la marche de la maison et que cette dépense ne s'applique pas à
une chose spéciale.

4e opération :

—————————— 16 JANVIER ——————————

Escomptes et rabais à Perrin

Accordé un rabais sur fournitures............................... 500 »

Nous mettons *Escomptes* et *Rabais* parce qu'il s'agit d'un rabais
accordé.

5e opération :

—————————— 17 JANVIER ——————————

Michaud à Escomptes et rabais

Rabais en ma faveur.. 300 »

6e opération :

—————————— 18 JANVIER ——————————

Profits et Pertes à Caisse

Perdu un billet de banque....................................... 100 »

7e opération :

—————————— 19 JANVIER ——————————

Frais généraux à Caisse

Payé les employés... 4.000 »

Nous mettons *Frais Généraux* parce que le paiement des employés
constitue des Frais Généraux pour une affaire.

146. RÉSUMÉ DE LA THÉORIE DE LA TENUE DES LIVRES

De l'exposition qui précède nous pouvons conclure qu'il y a trois sortes de comptes :

1° Les comptes des Agents de la maison;

2° Les comptes du Patron de la maison;

3° Les comptes des Correspondants, Débiteurs ou Créditeurs de la maison.

Nous résumons ces comptes dans le tableau suivant :

COMPTES DES AGENTS de la Maison	COMPTES du PATRON	COMPTES des CORRESPONDANTS
Caisse.	Capital.	Vendeurs.
Marchandises.	Réserves.	Acheteurs.
Effets à recevoir.	Frais généraux.	Prêteurs.
Effets à payer.	Profits et Pertes.	Banquiers.
Actions.	Commission.	Loyer d'avance.
Obligations.	Courtage.	Cie du Gaz.
Rentes sur les États.	Etc., etc.	Loyer à payer.
Mobilier.		Frais à payer.
Agencement.		Factures à payer.
Fonds de commerce.		Etc., etc.
Etc., etc.		

EXERCICES DÉTACHÉS

NOTE. — Nous prions le lecteur d'étudier avec beaucoup de soin les exercices suivants ; de prendre d'autres opérations du même genre et de les traduire en articles de Journal.

Il faut être rompu à ces exercices pour faire de la comptabilité.

145. ÉTUDE GRADUÉE D'OPÉRATIONS COMMERCIALES AU POINT DE VUE DE LEUR TRADUCTION EN ARTICLES DE JOURNAL

ÉCRITURE D'UN ACHAT

Acheté de Bernard, à Paris, diverses marchandises. . . . . . . 500 »

Qui a reçu? — La Maison, qui sera débitée sous le nom de *Marchandises.*

Qui a donné? — Bernard, qui sera crédité.

On aura donc au Journal :

Marchandises à Bernard

Sa facture . . . . 500 »

Cette facture sera classée au biblorhapte et copiée sur le Journal des Achats ou Livres des Achats.

ÉCRITURE D'UNE VENTE

Vendu à Deroy, E. V., diverses marchandises. . . . . 300 »

Qui a reçu? — Deroy, qui sera débité.

Qui a donné? — Marchandises, qui seront créditées.

On écrira au Journal :

Deroy à Marchandises

Ma facture . . . . 300 »

Avant de remettre cette facture à Deroy, on la copie au Livre des Débits ou au Journal des Ventes.

ÉCRITURE D'UN PAIEMENT

Payé à Bernard sa facture. . . . . **500** »

Qui a reçu? — Bernard, qui sera débité.
Qui a donné? — Caisse, qui sera créditée.
On passera au Journal :

Bernard à Caisse

Mon paiement. . . . . **500** »

Bernard devra remettre la facture ou un relevé acquitté ou un reçu en échange des fonds qu'il a reçus. La somme payée sera portée au Livre de Caisse.

ÉCRITURE D'UNE RECETTE

Reçu de Deroy ma facture. . . . . **800** »

Qui a reçu? — Caisse, qui sera débitée.
Qui a donné? Deroy, qui sera crédité.
On passera au Journal :

Caisse à Bernard

Son paiement . . . . **800** »

Nous acquitterons sa facture ou nous lui remettrons un reçu pour solde. Cette somme sera portée au Livre de Caisse.

ÉCRITURE D'UN ACHAT COMPTANT

Acheté comptant diverses marchandises. . . . . **200** »

Qui a reçu? — Marchandises, qui seront débitées.
Qui a donné? Caisse, qui sera créditée.
On écrira donc au Journal :

Marchandise à Caisse

Mon achat comptant. . . . . **200** »

On peut demander une facture ou n'en pas demander. Le Livre de Caisse sera crédité du paiement, on copiera la facture au Livre des Achats.

ÉCRITURE D'UNE VENTE COMPTANT

Vendu comptant diverses marchandises. 150   »

Qui a reçu? — Caisse, qui sera débitée.
Qui a donné? Marchandises, qui seront créditées.
On écrira donc au Journal :

Caisse à Marchandises

Ma vente au comptant. . . . . 150 »

On donnera une facture si elle est demandée.
On écrira la somme reçue à l'entrée du Livre de Caisse.
On copiera la facture au Livre des Débits.

ÉCRITURE D'UN ACHAT A CRÉDIT

Acheté de Dupa des marchandises payables à 3 mois. 400   »

Qui a reçu? — Marchandises, qui seront débitées.
Qui a donné? — Dupa, qui sera crédité.
On aura donc au Journal :

Marchandises à Dupa

Sa facture. . . . . 400 »

La facture que nous recevrons sera classée d'après le mode adopté;
elle sera ensuite copiée au Livre des Achats.

ÉCRITURE DU PAIEMENT DE L'ACHAT A CRÉDIT AVEC ESCOMPTE

Payé en espèces à Dupa, sa facture 392   »
Escompte 2 0/0.   8   »

                    Total. 400   »

Qui a reçu? — Dupa, il sera débité.
Qui a donné? — Caisse, elle sera créditée.
Le Journal sera :

Dupa à Caisse

Mon paiement. . . . . 392 »

La facture acquittée nous sera remise; nous porterons à la sortie du Livre de Caisse la somme payée.

Le compte de Dupa n'est pas soldé, et il semble qu'il lui est redû 8 francs; il n'en est rien, puisqu'il nous en fait cadeau.

On porte l'escompte à son débit pour solder son compte et au crédit du compte : Escomptes et Rabais.

Dupa à Escomptes et Rabais.

Escompte en ma faveur.. 8 »

𝔇𝔢𝔟𝔦𝔱	DUPA		𝔊𝔯𝔢𝔡𝔦𝔱
Espèces	392 »	Sa facture	800 »
Escompte..................	8 »		

On pourrait aussi supposer que l'on a remis à Dupa. ...... 400 »
On aurait alors :

Dupa à Caisse

Mon paiement.. 400 »

Et que Dupa nous a remboursé l'escompte. .... 8 »
qui forme un bénéfice pour la Maison. Nous passerions alors :

Caisse à Escompte et Rabais

Rabais en ma faveur.. 8 »

ÉCRITURE D'UNE VENTE A CRÉDIT AVEC ESCOMPTE

Vendu à Porel diverses marchandises. .... 900 »
Escompte 10 0/0 . . . . 90 »

       Net de la facture. .... 810 »

Qui a reçu? — Porel, qui sera débité.
Qui a donné? — Marchandises, qui seront créditées.
On aura donc :

Porel à Marchandises

Net de ma facture.. 810 »

On ne tient pas compte de l'escompte, on considère que l'achat a été fait pour 810 francs.

Si, pour compter un prix de revient, sans déduction d'escompte, on passait le montant brut et l'escompte ensuite, on écrirait au Journal :

Porel à Marchandises

Ma facture. 900   »

Puis :

Escomptes et Rabais à Porel

Escompte à ma charge 90   »

ÉCRITURE D'UNE RECETTE RÉGLANT UNE VENTE A CRÉDIT AVEC ESCOMPTE

Reçu de M. Porel espèces en règlement de ma facture. 785 70
Escompte 3 0/0. . . . .   24 30

Qui a reçu? — Caisse, qui sera débitée de. 785 70
Qui a donné? — Porel, qui sera crédité de. 785 70
On écrira au Journal :

Caisse à Porel

Son paiement. 785   70

Si nous examinons le compte de Porel au Grand-Livre, nous remarquons qu'il présente au débit 810 fr. et au crédit 785 fr. 70.

Doit		POREL		Avoir
Ma vente.	810 »	S/ paiement.		785 70
		Escomptes et rabais.		24 30

D'après ce compte, Porel semble être encore débiteur de 24 fr. 30, nous savons cependant qu'il ne doit plus rien, puisque nous lui faisons cadeau de cet escompte, il faudra donc le porter au crédit de son compte et débiter Escomptes et Rabais.

Nous écrirons au Journal :

Escomptes et Rabais à Porel

Escompte en sa faveur. 24 30

En reportant au Grand-Livre, au crédit de Porel, son compte soldé, et l'on constate que notre perte est de 24 30.

On pourrait aussi considérer que Porel nous a versé.   810   »
et que nous lui avons rendu 24 30
Le Livre de Caisse porterait alors à l'entrée.

Reçu de Porel pour solde 810   »
Remis à Porel *à titre de cadeau d'escompte.* 24   »

Nous passerions alors au Journal :

Caisse à Porel

Reçu pour solde. 810   »

Puis un autre article :

Escomptes et Rabais à Caisse

Escompte 3 % S/ 810 . . . . 24 30

On peut se demander pourquoi nous ne débitons pas Porel des espèces
que nous lui remettons, c'est simplement parce que nous lui faisons un
cadeau et que nous ne serions pas fondés à écrire qu'il nous doit cette
somme.

ÉCRITURE D'UN RÈGLEMENT PAR CHÈQUE
PAIEMENT ET RECETTE

Remis à Dorlin, pour solde, un chèque sur mon banquier le
  Crédit Lyonnais. 800   »

1° On peut considérer le chèque comme un billet de banque, c'est-à-
dire comme des espèces;
2° On peut considérer le chèque comme un effet à recevoir;
3° On peut considérer le chèque comme un instrument de virement.
Selon que l'on se placera dans l'une ou l'autre de ces hypothèses, les
écritures se feront comme suit :

1re *hypothèse*

Le chèque est un billet de banque.
Qui a reçu ? — La Caisse, où il est entré un chèque que nous appe-
lons billet de banque.
Qui a donné ? — Le Crédit Lyonnais, qui convertira à présentation ce
chèque en numéraire.

Le Journal sera donc :

Caisse à Crédit lyonnais

Chèque n° 2 . . . . 800 »

Qui a reçu? — Dorlin, qui sera débité.
Qui a donné? — Caisse, qui sera créditée.
D'où l'article :

Dorlin à Caisse

Remis à D. un chèque n° 2 sur le Crédit lyonnais . . . . 800 »

2e *hypothèse*

Le chèque est considéré comme un Effet à Recevoir.
L'opération se décompose ainsi :

Fourni un chèque n° 2 sur le Crédit Lyonnais. . . .   800   »
Remis ce chèque n° 2 à Dorlin.   800   »

Qui a reçu? — Effets à Recevoir, qui seront débités.
Qui a donné? — Crédit Lyonnais, qui sera crédité.
Le Journal sera donc :

Effets à recevoir à Crédit lyonnais

Mon chèque n° 2 . . . . 800 »

Ce chèque est remis à Dorlin.
Qui a reçu? — Dorlin, qui sera débité.
Qui a donné? Effets à Recevoir, qui seront crédités.
D'où le Journal :

Dorlin à Effets à recevoir

Remis mon chèque n° 2 . . . . 800 »

3e *hypothèse*

Le chèque est considéré comme un Instrument de virement
Qui a reçu? Dorlin, qui sera débité.
Qui a donné? — Crédit Lyonnais, qui sera crédité.
Nous passons donc :

Dorlin à Crédit lyonnais

Remis au 1er un chèque n° 2 sur le 2e . . . . 800 »

ÉCRITURE D'UN CHÈQUE REÇU EN PAIEMENT

Reçu de Dupa un chèque n° 4 sur la Banque de France. . . ·1.000   »

1° Nous pouvons considérer le chèque comme des espèces, c'est-à-dire comme un billet de banque;

2° On peut le considérer comme un effet à recevoir;

3° On peut le considérer comme un instrument de virement.

1ʳᵉ *hypothèse*

Qui a reçu? — Caisse, qui sera débitée.

Qui a donné? — Dupa, qui sera crédité.

L'article sera donc :

Caisse à Dupa

Reçu son chèque n° 4 . . . . 1.000 ·»

2ᵉ *hypothèse*

Qui a reçu? Effets à Recevoir, qui seront débités.

Qui a donné? — Dupa, qui sera crédité.

On passera :

Effets à recevoir à Dupa

Son chèque n° 4. . . . . 1.000 »

Et lorsqu'on encaissera le chèque.

Qui a reçu? — Caisse, qui sera débitée.

Qui a donné? Effets à Recevoir.

On passera au Journal :

Caisse à Effets à recevoir

Encaissé le chèque n° 4 remis par Dupa . . . . 1.000 »

3ᵉ *hypothèse*

Supposons que nous sommes en compte avec la Banque de France et que nous lui versons ce chèque.

Qui a reçu? — Banque de France, qui sera débitée.

Qui a donné? — Dupa, qui sera crédité.

On écrira donc au Journal :

Banque de France à Dupa

Versé au 1er le chèque remis par le 2e. . . . . 1.000 «

ACHAT A CRÉDIT

Acheté de Loret des marchandises. . . . . 1.200 »

Qui a reçu? — Marchandises, qui seront débitées.
Qui a donné? — Lauret, qui sera crédité.
On aura donc :

Marchandises à Loret

Sa Facture . . . . 1.200 »

RÈGLEMENT DE L'ACHAT A CRÉDIT PAR EFFET

Souscrit à l'ordre de Loret un billet à 60 jours. . . . . 1.200 »

Qui a reçu? — Loret, il faut le débiter?
Qui a donné? — Effets à payer, il faut le créditer.
On passera donc :

Loret à Effets à payer

Mon billet à son ordre à 60 jours . . . . 1.200 »

Autre exemple

*Remis à Perrin en le lui endossant un effet S/ Mignon en règlement
de sa facture.* . . . . 710 »

Qui a reçu? Perrin, il faut le débiter.
Qui a donné? — Effets à Recevoir, il faut le créditer.
On écrira au Journal :

Perrin à Effets à recevoir

No 37 ma remise au. . . . . 710 »

VENTE A CRÉDIT

Vendu à Girard des marchandises. . . . . .2.000   »

Qui a reçu? Girard, il faut le débiter.
Qui a donné? Marchandises, il faut les créditer
On passera donc au journal :

Girard à Marchandises

Ma facture . . . . 2.000   »

RÈGLEMENT DE LA VENTE A CRÉDIT PAR EFFET

Reçu de Girard son billet à mon ordre à 30 jours. . . . . . . 2.000   »

Qui a reçu? Portefeuille ou Effets à recevoir, il faudra les débiter.
Qui a donné? — Girard, il faudra le créditer.
On écrira donc au Journal :

Effets à recevoir à Girard

S/ B/ à M/ O/ à 30 jours. . . . . 2.000   »

ÉCRITURE D'UN ACHAT A CRÉDIT ET RÈGLEMENT PAR EFFET
ET ESCOMPTE

Acheté de Pérol des marchandises. . . . . 1.000   »
Réglé Pérol en une acceptation à 30 jours. 970   »
Escompte 3 0/0. 30   »

Qui a reçu? Marchandises, qui seront débitées.
Qui a donné? Pérol, qui sera crédité.
On passe donc :

Marchandises à Pérol

Mon achat . . . . 1.000   »

Qui reçoit? — Pérol, qui sera débité.
Qui a donné? — Effets à payer, qui seront crédités.
D'où nous passons :

Pérol à Effets à payer

Sa traite 970   »

L'Escompte formant pour nous un profit, nous en débiterons Pérol et nous en créditerons Escomptes et Rabais comme suit :

Pérol à Escomptes et Rabais

Escompte en ma faveur. . . . . , ... '. .   30 »

Le compte de Pérol se présente comme suit :

Doit	PÉROL			Avoir
A effets à payer............	970 »	Par marchandises..........	1.000 »
A Escomptes et Rabais......	80 »		

Il s'agit de solder le compte; nous ne redevons rien à Pérol puisqu'il nous fait cadeau de 80 francs.

ÉCRITURES D'UNE VENTE A CRÉDIT ET D'UN RÈGLEMENT PAR EFFETS ET ESCOMPTES

Vendu à Girod des marchandises. . . . . ' . . . . 1.500 »
Fourni sur Girod ma traite en 60 jours. . . . . 1.440 »
Escompte 4 0/0 . . . . 60 »

Qui a reçu? — Girod, qui sera débité.
Qui a donné? — Marchandises qui seront créditées.
On passera donc au Journal :

Girod à Marchandises

Ma facture. . . . . 1.500 »

Qui a reçu? — Portefeuille ou Effets à recevoir.
Qui a donné? — Girod.
On passera :

Effets à recevoir à Girod

Ma traite au . . . . '. 1.440 »

Pour solder le compte Girod, il faut le créditer de l'Escompte et comme cet escompte est une perte pour nous, on le portera au *crédit* de Girod qui ne doit plus, et au *débit* d'Escomptes et Rabais.

On passera au Journal :

Escomptes et rabais à Girod

Ma remise. 60   »

TIRAGES ET DISPOSITIONS

NOTA. — *Fournir, disposer, faire traite, tirer sur quelqu'un*, signifie l'inviter à payer. L'Effet entre, dans tous les cas, dans le Portefeuille, qui est débité sous le nom d'Effets à Recevoir et la personne sur qui l'Effet est tiré doit être créditée.

APPLICATIONS

Fourni sur Morel à 30 jours ma traite n° 25.   400   »

Qui a reçu? — Effets à recevoir qui seront débités.
Qui a donné? — Morel, qui sera crédité.
D'où l'article suivant :

Effets à Recevoir à Morel

Ma traite à 30 jours   400   »

L'effet sera créé, timbré, puis copié au copie d'effets à recevoir.

ENDOSSEMENTS D'EFFETS

Endossé l'effet ci-dessus à l'ordre du Crédit Lyonnais.   400   »

Endosser, c'est faire acte de cession de l'effet ou le remettre à la banque afin qu'elle l'encaisse.
Qui a reçu? — Crédit Lyonnais, qui sera débité.
Qui a donné? — Effets à recevoir, qui seront crédités.
On passera donc :

Crédit Lyonnais à Effets à Recevoir

Endossé ma traite n° 25.   400   »

Après avoir endossé la traite, on la fera sortir au copie d'Effets à recevoir, puis on la remettra au Crédit Lyonnais.

PAIEMENT ET ENCAISSEMENT D'EFFETS

Payé l'effet n° 4. . . . . 3.000 »

Qui a reçu? — Effets à payer, qui seront débités.
Qui a donné? — Caisse, qui sera créditée.
On passera :

Effets à Payer à Caisse

Payé l'effet n° 4. 3.000 »

Cet effet devra nous être remis acquitté; nous l'entrerons au copie d'effets à payer.

Encaissé l'effet n° 270. . . . . 1.900 »

Qui a reçu? — Caisse, qui sera débitée.
Qui a donné? — Effets à recevoir, qui seront crédités.
On passera :

Caisse à Effets à Recevoir

Encaissé le n° 270. . . . . 1.900 »

Cet effet acquitté sera copié à la sortie du copie des effets à recevoir et remis au payeur.

ESCOMPTE ET NÉGOCIATION D'EFFETS

1° 17 janvier. Escompté à Leroy, à 6 0/0, Commission 1/2 0/0, les effets suivants :

3.000 »	Paris, 31 janvier. . .	14	. . . .	7 »
1.500 »	— 15 février. . .	29	. . . .	7 25
1.200 »	— 28 — . . .	42	. . . .	8 40
5.700 »				22 65
	22 65	Escompte		
51 15	28 50	Commission 1/2 0/0		
5.648 85	net Bordereau			

2° 20 janvier. Négocié à la Banque de France à 3 0/0, au comptant, les effets suivants :

3.000 »	Paris, 31 janvier. . .	11	. . . .	2 75
1.500 »	— 15 février. . .	26	. . . .	3 25
4.500 »				6 »
6 »				
4.494 »	net Bordereau			

1° *Escompter, c'est acheter*. (Voir le Bordereau d'escompte.)

Qui a reçu? — Effets à recevoir.
Qui a donné? — Leroy.
On écrira donc :

Effets à Recevoir à Leroy

Net Bordereau. 5.618 85

Cette manière de tenir le compte *d'Effets à Recevoir*, s'appelle tenir le *Portefeuille* par valeur nette.

Examinons comment nous devons faire pour tenir le compte *d'Effets à recevoir* par valeur nominale.
Qui a reçu? — Effets à recevoir.
Qui a donné? — Leroy.

Donc :

Effets à Recevoir à Leroy

Net Bordereau. 5,684 85

Mais les effets à recevoir entrent dans notre portefeuille pour 5,700; nous les débiterons donc de l'agio et nous créditerons Profits et Pertes.
Nous écrirons donc :

Effets à Recevoir à Profits et Pertes

Agio en ma faveur. 51 15

ou encore :

Effets à Recevoir *aux Suivants*. . . . . 5.700 »
A Leroy, net Bordereau 5.684 85
A Profits et Pertes, agio en ma faveur. 51 15

2° *Négocier, c'est vendre*. (Voir le Bordereau de négociation.)

Qui a reçu? — Caisse, puisque nous vendons ces effets au comptant.
Qui a donné? — Effets à recevoir, qui seront crédités.
On écrira donc :

Caisse à Effets à Recevoir

Net de ma négociation. . . . . 4.494 »

Ce portefeuille est tenu par valeur nette.

Si nous le tenons par nominal, nous écrirons :

Les Suivants à Effets à Recevoir

Caisse 1.501

Espèces reçues pour le net de ma négociation. . . . . . . 1.494 »

Profits et Pertes, agio à ma charge. . . . .   6 »

ÉCRITURES DES RETOURS

Retours. — Les retours sont des effets impayés protestés ou non.

1° *Mignon souscrit à mon ordre un billet au 31 courant.* . 1.500 »

2° *Le 31 courant, je présente l'effet à Mignon, qui ne peut pas le payer.*

Qui a reçu? -- Effets à recevoir.

Qui a donné? — Mignon.

On passera :

Effets à Recevoir à Mignon

Son billet à mon ordre à fin courant.. . . . . 1.500 »

L'effet n'est pas payé; je puis ne pas passer d'écritures et laisser le compte dans le même état, en attendant une solution de l'affaire, soit que Mignon paie, soit qu'il fasse un renouvellement.

Ou bien, je puis considérer l'effet comme sorti et débiter Mignon par le crédit d'effets à recevoir pour annulation d'effet.

On aura donc au Journal :

Mignon à Effets à Recevoir

Anulation de l'article du tant. . . . . 1.500 »

EFFETS REMBOURSÉS ET PAYÉS POUR COMPTE

Première manière

Remboursé à la Banque de France l'effet n° 25 qui nous a été remis par Bertin . . . . 605 »

Il faut débiter Bertin pour qui nous avons payé.

Et créditer la Caisse qui a donné.

On aura donc :

Bertin à Caisse

Remboursé l'Effet n° qu'il nous a endossé . . . . 615 »

EFFETS REMBOURSÉS

Deuxième manière

On peut créer un compte d'Effets remboursés.

Ce compte d'*Effets remboursés* sera débité, puisqu'il a reçu un effet qui vient d'être remboursé. La Caisse sera créditée.

On aura donc l'article :

Effets remboursés à Caisse

Remboursé l'Effet nº et frais. . . . .   65 »

Il faut ensuite débiter Bertin pour le compte de qui on a payé et créditer le compte d'Effets remboursés qui se trouve soldé

On passera l'article suivant :

Bertin à Effets remboursés

Payé pour compte de Bertin l'effet nº. . . . ., . .   605 »

EFFETS IMPAYÉS

Troisième manière

Reçu impayé et protesté un effet sur Lacroix que nous avions endossé
au Crédit Lyonnais.

Montant de l'effet. . . . .   500 »
Frais 11 40

Total. 511 40

Nous créditerons le Crédit Lyonnais et nous débiterons Lacroix.
L'article sera :

Lacroix à Crédit Lyonnais

Nº impayé et frais. 511 40

Ou bien :
On créera le compte d'effets impayés et l'on écrira :

Effets impayés à Crédit Lyonnais

Nº impayé Lacroix. 511 40

puis :

Lacroix à Effets impayés

Nº impayé et frais. 511 40

RENOUVELLEMENT

Renouveler un effet, c'est en créer un autre en remplacement d'un effet non payé à son échéance, ou qui a été payé avec des fonds fournis par le tireur ou le bénéficiaire.

1er CAS

1° *Fourni sur Michaut une traite de francs*. . . . . 1.000 »

L'article à passer est :

Effets à Recevoir à Michaut
Ma traite. . . . . 1.000 »

2° *Endossé cet Effet au Crédit Lyonnais.*

On aura :

Crédit Lyonnais à Effets à Recevoir
Endossé n°. . . . . 1.000 »

3° *Remis à Michaut pour payer cet effet, espèces.* . . . . . 1.000 »

On passera :

Michaut à Caisse
Ma remise espèces. . . . . 1.000 »

4° *Fourni en renouvellement un effet sur Michaut.*

On passera :

Effets à Recevoir à Michaut
Ma traite. . . . . 1.000 »

2e CAS

L'effet n'est pas sorti de mon Portefeuille.

1° *Fourni en renouvellement sur Michaut ma traite n° 35.* 1.000 »

On passera :

Effets à Recevoir à Michaut
Ma traite n° 4. . . . . 1.000 »

2° *Pour la traite annulée qui a été renvoyée à Michaut où déchirée.*

On écrira :

Michaut à Effets à Recevoir
Renvoyé à Michaut traite n° 4. . . . . 1.000 »

ECRITURE DES INTÉRÊTS SUR COMPTES COURAN...

*Reçu du Crédit Lyonnais mon compte courant et d'intérêts
portant : Intérêts en ma faveur.* 248 50

Il faudra débiter le *Crédit Lyonnais* et créditer *Profits et Pertes.*
On écrira donc au Journal :

Crédit Lyonnais à Profits et Pertes

Intérêts en ma faveur. 248 50

Si les intérêts étaient à ma charge l'article serait inverse.

VIREMENT

*1° Reçu de Carrel un chèque sur le Crédit Lyonnais, mon
banquier, où je le verse en compte courant.* . . . .   6.000 »

Nous débiterons le Crédit Lyonnais à qui l'on remet le chèque, et
nous créditerons Carrel qui a remis le chèque.

Crédit Lyonnais à Carrel

Versé au Crédit Lyonnais le chèque Carrel. . . . .   6.000 ›

*2° Remis à Chapé un chèque sur le Crédit Lyonnais, mon
banquier* . . . .   4.008 »

Nous débiterons Chapé du chèque qu'il a reçu, et nous créditerons le
Crédit Lyonnais qui paiera pour notre compte.

Chapé à Crédit Lyonnais

Remis à Chapé pour solde un chèque sur le Crédit Lyonnais. . . . ,   4.000 »

MANDATS ROUGES

*1° Reçu de Husson un mandat rouge sur la Banque de
France* . . . .   10.000 »

Les mandats rouges sont des mandats de virement usités entre ayants
comptes à la Banque de France.
On écrira au Journal :

Banque de France à Husson

S/mandat rouge n°. . . . .   10.000 »

2º Remis à Parent un mandat rouge sur la Banque de France. . . . . 50.000 »

On écrira :

Parent à Banque de.France

Mon mandat rouge. . . . . 50.000 »

ÉCRITURE DES FRAIS ET DES FACTURES A PAYER

A l'époque de l'Inventaire, il arrive que certains frais généraux échus ne sont pas payés.

On débite les Frais généraux de ces frais par le Crédit de Frais échus. Au 31 décembre nous redevons :

1º A la Cⁱᵉ du Gaz. 245 60
2º A la Cⁱᵉ des Eaux. 156 25

Nous passerons au Journal :

Frais généraux à Frais échus. 401 85
Note de la Cⁱᵉ du Gaz. 245 60
Note de la Cⁱᵉ des Eaux. 156 25

A la même date, nous devons à divers fournisseurs, à qui nous n'ouvrons pas de compte au Grand-Livre, diverses factures.

Nous passerons au Journal :

Marchandises à Factures à payer. 389 25
Moreau, sa facture. 126 30
Dupont,   —   . . . . 47 75   —
Leroy,   — 215 20

PLUSIEURS DÉBITEURS OU PLUSIEURS CRÉANCIERS

Dans la même journée, il arrive :

1º Que plusieurs clients   viennent acheter ;
2º   —   fournisseurs   —   livrer ;
3º   —   clients   —   payer ;
4º   —   fournisseurs   —   recevoir, etc.

1º *Vendu à Girard des Marchandises.* . . . . 500 »
   —   *Girod*   —   . . . . 400 ·
   —   *Besnard*   —   . . . . 800 »
   —   *Brière*   —   . . . . 600 »

Qui a reçu? — Divers acheteurs.
Qui a donné? — Marchandises.
On écrira donc au Journal :

Les Suivants **à Marchandises**			2.300
Girard, ma facture		500	
Girod, —		400	
Besnard, —		800	
Brière, —		600	

2e *Acheté de Marly diverses Marchandises*			300
— *Coquel* —		200	
— *Durand* —		400	
— *Dupré* —		150	

Qui a reçu? — Marchandises.
Qui a donné? — Divers fournisseurs.
Nous passerons donc au Journal :

Marchandises *aux Suivants*			1.050
A **Marty**, sa facture		300	
A **Coquel**, —		200	
A **Durand**, —		400	
A **Dupré**, —		150	

3o *Reçu de Girard ma facture*			580
— *Girod* —		400	
— *Brière* —		600	

Qui a reçu? — Caisse.
Qui a donné? — Divers acheteurs.
On passera donc au Journal :

Caisse *aux Suivants*			1.500
A **Girard**, son paiement		500	
A **Girod**, —		400	
A **Brière**, —		600	

4o *Payé à Marly sa facture*			300
— *Coquel* —		200	
— *Durand* —		400	

Qui a reçu? — Divers fournisseurs.
Qui a donné? — Caisse.

On passera donc :

Les Suivants à **Caisse**. . . . . 900 »
Marty, mon paiement. . . . . 800 »
Coquel, — . . . . 200 »
Durand, — . . . . 400 »

Fin des Exercices

---

146. DU JEU DES COMPTES

Doit	**CAISSE**	*Avoir*
Débité des recettes.	Crédité des paiements.	

Solde toujours débiteur. Figure à l'Actif de la Maison.

Doit	**MARCHANDISES**	*Avoir*
Débité des achats. Débité des bénéfices.	Crédité des ventes. Solde représentant le stock résultant de l'Inventaire.	

Le stock, qui forme le solde, quand les bénéfices sont ajoutés au débit, figure à l'Actif de la Maison.

Doit	**EFFETS A RECEVOIR**	*Avoir*
Débité de l'entrée des Effets.	Crédité de la sortie des Effets. Solde représentant les Effets en portefeuille.	

Ce solde, qui est débiteur, figure à l'Actif de la Maison.

Doit	**EEFETS A PAYER**	*Avoir*
Débité des Effets payés. Solde représentant les Effets qui restent à payer.	Crédité des Effets que l'on a pris l'engagement de payer.	

Ce solde figure au Passif de la Maison.

Doit	**CAPITAL**	*Avoir*
Débité des pertes et des retraits de fonds. Solde représentant l'avoir du Commerçant.	Crédité des apports de toutes sortes. Crédité des bénéfices.	

Ce solde figure au passif du Bilan.

Doit	**PROFITS ET PERTES**	*Avoir*
Débité des pertes. Débité pour solde des bénéfices nets.	Crédité des Profits.	

Doit	**FRAIS GÉNÉRAUX**	*Avoir*
Débité des Frais généraux de l'affaire payés ou non payés mais échus.	Crédité pour solde à l'Inventaire par le Débit de Profits et Pertes.	

Doit	**ESCOMPTES ET RABAIS**	*Avoir*
Débité des Escomptes à notre charge.	Crédité des Escomptes à notre profit.	

Se solde par Profits et Pertes.

Le solde est porté au crédit des Profits et Pertes s'il y a bénéfice, et au débit s'il y a perte.

Doit	**DÉPENSES PERSONNELLES**	*Avoir*
Débité de toutes les dépenses	Crédité par Capital ou par Profits et Pertes à l'époque de l'Inventaire.	

Doit	**MOBILIER**	*Avoir*
Débité du prix d'achat du mobilier.	Crédité des amortissements successifs.	

Le solde, après l'amortissement annuel, figure à l'Actif.

Doit	**IMMEUBLES**	*Avoir*
Débité du prix d'achat.		

Le solde figure à l'Actif.

Doit   **VALEURS MOBILIÈRES**   *Avoir*

Débité du prix d'achats des valeurs. Débité des bénéfices.	Crédité du prix de vente des valeurs. Crédité de la valeur des titres en porte-feuille.

Le solde, représenté par la valeur des titres en portefeuille, figure à l'Actif.

Doit   **AGENCEMENT**   *Avoir*

Débité du montant des mémoires.	Crédité de l'amortissement.

Le solde figure à l'Actif après l'amortissement.

Doit   **FONDS DE COMMERCE**   *Avoir*

Débité du prix d'achat ou d'un prix basé sur le chiffre d'affaires ou d'autres considérations relatives à l'affaire. Le solde figure à l'Actif.	

Doit   **LOYER D'AVANCE**   *Avoir*

Débité du Loyer remis en dépôt.	

Le solde figure à l'Actif.

Doit   **LOYER A PAYER**   *Avoir*

Débité du Loyer payé qui figurait au Passif.	Crédité des Loyers échus et non payés.

Le solde figure au Passif.

Doit   **FACTURES ET FRAIS A PAYER**   *Avoir*

Débité des Factures et des Frais payés figurant au passif.	Crédité des Factures et des Frais à payer échus.

Le solde figure au Passif.

Doit   **RÉESCOMPTE**   *Avoir*

Débité à la réouverture des comptes du réescompte qui figurent au passif.	Crédité du réescompte du portefeuille à l'Inventaire.

<table>
<tr><td>Doit</td><td align="center">VOYAGES</td><td align="right">Avoir</td></tr>
<tr><td>Débité des Frais de voyages payés.</td><td>Crédité des sommes dues aux voyageurs</td></tr>
</table>

Le solde, qui représente les sommes dues aux voyageurs, figure au Passif.

<table>
<tr><td>Doit</td><td align="center">DÉBITEURS DIVERS</td><td align="right">Avoir</td></tr>
<tr><td>Débité de ce qu'ils ont reçu : Ventes, Espèces, etc.</td><td>Crédité de ce qu'ils ont remis : Espèces, Effets, etc.</td></tr>
</table>

Le solde figure à l'Actif.

<table>
<tr><td>Doit</td><td align="center">CRÉANCIERS DIVERS</td><td align="right">Avoir</td></tr>
<tr><td>Débité de ce que nous avons remis.</td><td>Crédité de ce qu'ils ont remis.</td></tr>
</table>

Le solde figure au Passif.

<table>
<tr><td>Doit</td><td align="center">BANQUIER</td><td align="right">Avoir</td></tr>
<tr><td>Débité de nos versements, de nos remises.</td><td>Crédité de ses paiements et remises.</td></tr>
</table>

Le solde figure à l'Actif s'il est débiteur.
Il figure au Passif s'il est créditeur.

CENTRALISATION DES COMPTES DES CORRESPONDANTS

147. COMPTE CRÉANCIERS DIVERS

Ce compte comprend tous les créanciers, c'est-à-dire tous les vendeurs. Il doit être crédité du montant des achats ou de toutes les factures des fournisseurs et de tout ce qui leur est dû pour d'autres causes.

Il est débité des espèces, des effets qui leur sont remis, ainsi que des escomptes et des rabais qui nous sont accordés.

Le solde de ce compte centralisateur doit être égal au total des soldes des comptes de tous les créanciers.

Lorsque les totaux du Journal des Créditeurs sont bien exacts, tant aux achats qu'aux paiements et règlements, le solde de ce livre doit être le même que les soldes ci-dessus.

148. COMPTE DÉBITEURS DIVERS

Ce compte représente tous les acheteurs.

On le débite de toutes les ventes, on le crédite de leurs paiements, des traites fournies sur eux et, en général, de tout ce qu'ils nous remettent et des rabais que nous leur accordons, ainsi que des marchandises qu'ils rendent.

Le Débit de ce compte comprend donc tout ce que les acheteurs doivent et le crédit tout ce qui leur est dû.

Le solde doit être égal au total des soldes des comptes de tous les débiteurs.

Si le Journal des Débiteurs est bien tenu et que l'on fasse le total du Débit et du Crédit, le solde devra être le même que ceux ci-dessus.

Comptes courants

Quelques comptables centralisent, sous le nom de *comptes courants*, les comptes particuliers de tous les acheteurs et de tous les vendeurs.

Le solde de ce compte représente le solde des comptes de tous les correspondants.

Il remplacera les comptes de débiteurs et de créanciers divers, mais il n'a pas l'avantage de présenter la situation séparée des vendeurs et des acheteurs.

CHAPITRE X

COMPTABILITÉ

DE LA

MAISON FAVRET

35, RUE DE RIVOLI, 35 — PARIS

TENUE DES LIVRES DES DÉBITEURS

DE LA

MAISON FAVRET

Journal et Grand Livre — Balance de vérification

---

150. NOTE SUR LE BUREAU DES DÉBITEURS

La Comptabilité des ventes comprend :

1° Un Livre des Commandes faites par les clients. Dans celivre, on enregistre, au fur et à mesure qu'elles arrivent, toutes les commandes, en y comprenant les noms des acheteurs, leurs adresses, leurs références; des détails minutieux et circonstanciés sur les étoffes choisies, la forme à donner au vêtement, etc.

2º *Un Livre de Référence*, tenu constamment à jour, où l'on inscrit les renseignements recueillis sur la solvabilité du client.

3º Un Livre des Débits.

4º Un Livre de Caisse.

Nous ne reproduisons pas ces livres ici ; l'étude que nous en avons faite plus haut permet, nous n'en doutons pas, de les établir facilement.

5º Le Journal des Débiteurs.

6º Le Grand-Livre des Débiteurs.

Que nous donnons plus loin fº   à   .

Chaque soir, les espèces reçues, les chèques, les effets remis par les clients sont passés aux mains du chef comptable ou du patron, qui vérifie, pointe et s'assure que tout est régulier et en ordre.

151.- JOURNAL DES DÉBITEURS COMMENCÉ LE 1ᵉʳ JANVIER 1891

MOIS DE JANVIER

Balance d'Inventaire

SOLDES DÉBITEURS A CE JOUR

GRAND LIVRE			DÉBIT	CRÉDIT
Fº du Débit	Fº du Crédit			
		1ᵉʳ JANVIER		
4		DANIEL, solde Débiteur.............	17.500 »	
13		SAVARD —	22.640 30	
6		GRARD —	19.520 60	
12		PETIT —	10.740 50	
9		MIONOT —	3.250 60	
2		BAILLET —	12.820 50	
7		JACQUIN —	16.540 30	
5		DALY —	9.643 50	
8		KARMANN —	1.210 15	
10		MICHAUD —	4.000 »	
1		ANDRAL —	3.590 20	
11		MARET —	8.148 20	
3		CLARION —	8.500 »	
		A *Reporter*.............	138.011 85	

GRAND LIVRE F^os du Débit	GRAND LIVRE F^os du Crédit	JANVIER 1891	DÉBIT	CRÉDIT
		Report............	138.014 85	
		3 JANVIER		
4		Doit DANIEL, E. V. Ma facture nº 1..................	4.526 50	
		3 JANVIER		
	11	Avoir MARET, E. V. Espèces en compte......................		630 50
		3 JANVIER		
	3	Avoir CLARION. Espèces en compte......................		800 »
		4 JANVIER		
13		Doit SAVARD. 1 costume gris............ .. 325 50 1 manteau de fourrure loutre. 1.210 30	1.535 80	
		5 JANVIER		
	9	Avoir MIGNOT. Espèces pour solde....................		3.250 60
		5 JANVIER		
	8	Avoir KARMANN. Espèces en compte....................		1.210 15
		5 JANVIER		
	1	Avoir ANDRAL. Espèces en compte....................		7.530 20
		5 JANVIER		
1		Doit ANDRAL. M/ f^re nº 3.............................	4.645 20	
		6 JANVIER		
5		Doit DALY. M/ f^re nº 4 net.........................	8.250 60	
		6 JANVIER		
	11	Avoir MARET. Espèces en compte......................		6.500 »
		A Report.............	157.002 95	19.921 45

GRAND LIVRE		JANVIER 1891	DÉBIT	CRÉDIT
F^{os} du Débit	F^{os} du Crédit			
		Report............	157.002 95	19.021 45
		────── 7 JANVIER ──────		
13		Doit SAVARD.		
		2 costumes satin f^{re} n° 5...............	1.534 40	
		────── 8 JANVIER ──────		
	3	Avoir CLARION.		
		Espèces en compte......		7.200 »
		────── 9 JANVIER ──────		
8		Doit KERMANN.		
		Un manteau long faille f^{re} n° 5.........	1.000 »	
		────── 12 JANVIER ──────		
	4	Avoir DANIEL.		
		N° 106, sa remise au 31 mars		2.520 »
		────── 12 JANVIER ──────		
	13	Avoir SAVARD.		
		N° 107, sa remise au 31 mars..........		521 50
		────── 15 JANVIER ──────		
		Doit JACQUIN.		
		1 costume satin.............. 650 »		
		1 manteau fourrure, f^{re} n° 7.. 1.518 20	2.168 20	
		────── 20 JANVIER ──────		
	7	Avoir JACQUIN.		
		N° 109, m/ traite au 31 mars..........		1.894 50
		────── 25 JANVIER ──────		
	6	Avoir GRARD.		
		N° 110, m/ traite au 17 février........		1.806 »
		────── 28 JANVIER ──────		
1		Doit ANDRAL.		
		M/ facture n° 8.	1.837 05	
		A Reporter............	163.543 50	33.023 45

GRAND LIVRE		JANVIER 1891	DÉBIT	CRÉDIT
F° du Débit	F° du Crédit			
		Report...........	103.513 50	33.923 45
		29 JANVIER		
	2	Avoir BAILLET.		
		Espèces en compte........... 2.517 70		
		N°s 111, m/traite au 31 mars. 784 »		
		112, — 20 avril. 1.000 »		4.301 70
		29 JANVIER		
7		Doit JACQUIN.		
		Remboursé l'effet n° 65...............	162 05	
		Totaux............	103.705 55	38.225 15
		Solde débiteur à ce jour....		125.480 40
			103.705 55	103.705 55

Récapitulation du mois de Janvier 1891

DÉBIT

Solde ancien..............	138.044 85	
Marchandises vendues.....	25.498 65	
Effets remboursés.........	162 05	103.705 55

CRÉDIT

Espèces reçues...........	29.639 15	
Effets à recevoir..........	8.586 »	
Rendus..................	» »	38.225 15
Solde à ce jour égal à la balance.		125.480 40

GRAND LIVRE		FÉVRIER 1891	DÉBIT	CRÉDIT
Fⁱᵒ du Débit	Fⁱᵒ du Crédit			
		2 FÉVRIER		
	1	Avoir ANDRAL, E. V. Espèces pour solde...............		2.483 15
		3 FÉVRIER		
14		Doit THOMAS, E. V. M/ fⁱᵉ nº 8...............	4.325.50	
		4 FÉVRIER		
	13	Avoir SAVARD, Lyon. S/chèque nº 641 s/le Crédit Lyonnais..		22.118 80
		5 FÉVRIER		
11		Doit MARET, St-Adresse. M/fⁱᵉ nº 9 et frais d'expédition........	5.610 15	
		6 FÉVRIER		
9		Doit MIGNOT, E. V. Ma facture nº 10...............	2.125 60	
		7 FÉVRIER		
	10	Avoir MICHAUD, Londres. Nº 125, s/chèque liv. st. 150 à 25 fr., sur Pablo Gill...............		3.750 »
		9 FÉVRIER		
8		Doit KARMANN, E. V. Ma facture nº 11 : 1 chapeau garni velours...... 109 15 1 — feuillage .... 120 40 1 vêtement satin............ 230 60	460 15	
		10 FÉVRIER		
	7	Avoir JACQUIN, E. V. Espèces en compte...............		10.000 »
		A Reporter............	12.521.40	38.351.05

NOTA. — On compte très souvent, dans le commerce, la livre sterling à 25 fr.

| GRAND LIVRE | | FÉVRIER 1891 | DÉBIT | CRÉDIT |
Fo du Débit	Fo du Crédit			
		Report............	12.521 40	38.351 05
		11 FÉVRIER		
9		Doit MIGNOT, E. V.		
		Ma facture nᵒ 12 :		
		1 manteau............... 1.240 20		
		2 costumes noirs........ 1.410 30	3.565 80	
		25 paires de bas......... 915 30		
		12 FÉVRIER		
10		Doit MICHAUD, à Londres.		
		Ma facture nᵒ 13 :		
		1 parapluie.............. 50 »		
		5 robes.................. 1.210 50		
		2 manteaux.............. 520 60	3.885 10	
		25 chapeaux............. 2.104 »		
		14 FÉVRIER		
	11	Avoir MARET, St-Adresse.		
		Reçu de Maret, solde ancien...........		1.017 70
		15 FÉVRIER		
	9	Avoir MIGNOT.		
		Nᵒˢ 113, s/B. à m/o. au 31 mars. 1.000 »		2.125 60
		114, — 30 avril. 1.125 60		
		16 FÉVRIER		
	12	Avoir PETIT, E. V.		
		Nᵒˢ 115, m/traite au 15 avril.. 4.500 »		
		116, — 30 avril.. 3.500 »		10.740 50
		117, — 31 mai... 2.740 50		
		16 FÉVRIER		
12		Doit PETIT.		
		M/fre nᵒ 14, 4 cost. fant⁰. solc.. 250 »	1.000 »	
		17 FÉVRIER		
2		Doit BAILLET, E. V.		
		M/fre nᵒ 15 :		
		3 costumes drap de Lyon.. 875 40		
		4 — faille.......... 1.430 20		
		3 — satin.......... 1.210 60	4.350 60	
		5 chapeaux garnis......... 834 40		
		À Reporter............	25.322 00	52.235 75

GRAND LIVRE		FÉVRIER 1891	DÉBIT	CRÉDIT
F° du Débit	F° du Crédit			
		Report..........	25.322 90	52.235 75
		17 FÉVRIER		
	2	Avoir BAILLET, E. V. Espèces pour solde ancienne..........		8.518 80
		18 FÉVRIER		

3		Doit CLARION, E. V.
		M/fre n° 16 :
		  1 manteau fantaisie....... 830 50
		  1 réparation costume...... 640 25
			1.470 75	

		19 FÉVRIER		
	3	Avoir CLARION, E. V. Espèces p. s. ancien..................		500 »
		20 FÉVRIER		
	4	Avoir DANIEL, E. V. N°s 118, M/traite au 10 avril. 7.000 » 119, — 10 mai.. 7.080 »		14.080 »
		21 FÉVRIER		
	5	Avoir DALY. S/chèque n° 145 s/Lehideux, etc.......		5.000 »
		23 FÉVRIER		
6		Doit GRARD, E. V. M/fre n° 11, divers costumes modèles...	8.730 50	
		24 FÉVRIER		
	7	Avoir JACQUIN, E. V. Espèces en compte.......... 2.000 » N° 120, m/traite au 31 mars.. 2.645 80		4.645 80
		25 FÉVRIER		
12		Doit PETIT, à St-Germain. M/fre n° 18, divers costumes...........	3.870 50	
		26 FÉVRIER		
13		Doit SAVARD, Lyon. M/fre, 5 costumes drap..............	1.830 00	
		A Reporter............	41.225 25	85.880 35

GRAND LIVRE		FÉVRIER 1891	DÉBIT	CRÉDIT
Fos du Débit	Fos du Crédit			
		Report............	41.225 25	85.880 35
		27 FÉVRIER		
1		Doit ANDRAL, E. V. M/fre no 19, divers costumes..........	3.250 40	
		28 FÉVRIER		
2		Doit BAILLET. M/fre no 20, divers costumes..........	4.312 50	
		28 FÉVRIER		
	5	Avoir DALY, E. V. No 121, m/traite au 15 avril.. 4.643 50		4.643 50
		TOTAUX................	48.788 15	90.523 85

Récapitulation du mois de Février 1891

DÉBIT

Solde ancien au 31 Janvier............	125.480 40	
Ventes de Marchandises...............	48.788 15	174.268 55

CRÉDIT

Espèces...........................	55.388 45	
Effets	35.135 40	
Rabais	» »	
Rendus...........................	» »	90.523 85
Solde Débiteur égal à la balance..		83.744 70

GRAND LIVRE		MARS 1891	DÉBIT	CRÉDIT
Fos du Débit	Fos du Crédit			
		1er MARS		
3		Doit CLARION, E. V.		
		Ma fre no 21 :		
		1 costume gris-clair....... 228 50		
		1 — blanc rayé or... 315 20	543 70	
		2 MARS		
4		Doit DANIEL, E. V.		
		M/fre no 22 :		
		1 manteau bleu........... 610 »		
		1 chapeau velours........ 125 »	735 »	
		3 MARS		
6		Doit DALY, E. V.		
		M/fre no 23, costume noir foulé.........	650 »	
		5 MARS		
	2	Avoir BAILLET, E. V.		
		Espèces en compte....................		2.640 80
		6 MARS		
	4	Avoir DANIEL, E. V.		
		S/chèque no 130 s/Girard et Cie........		4.500 »
		6 MARS		
	4	Avoir DANIEL, E. V.		
		Rabais.............................		26 50
		7 MARS		
6		Doit GIRARD, E. V.		
		Ma fre no 24.....................	3.540 30	
		8 MARS		
	7	Avoir JACQUIN, E. V.		
		Espèces.........................		650 »
		9 MARS		
8		Doit KARMANN, E. V.		
		Ma facture no 25 :		
		3 parapluies............. 140 »		
		15 dzes de paires de bas.... 900 »	1.040 »	
		A Reporter...........	6.509 »	7.817 30

GRAND LIVRE		MARS 1891	DÉBIT	CRÉDIT
F^{os} du Débit	F^{os} du Crédit			
		Report............	6.509 »	7.817 30
		——— **10 MARS** ———		
	9	Avoir MIGNOT, E. V. Espèces en compte..................		1.240 20
		——— **11 MARS** ———		
	10	Avoir MICHAUD, Londres. S/chèque n° 220, 100 liv. st. à 25 fr. en compte..................		2.500 »
		——— **12 MARS** ———		
11		Doit MARET, St-Adresse. Ma facture n° 26..................	3.540 »	
		——— **13 MARS** ———		
13		Doit SAVARD. Ma facture n° 27 : 1 costume gris............ 430 20 2 — noir............ 1.250 60	1.680 80	
		——— **14 MARS** ———		
14		Doit THOMAS, E. Ma facture n° 28..................	1.350 60	
		——— **15 MARS** ———		
1		Doit ANDRAL, E. V. M/f^{re} n° 29, 1 costume gris............	2.530 60	
		——— **16 MARS** ———		
2		Doit BAILLET, E. V. M/facture n° 30..................	1.612 50	
		——— **17 MARS** ———		
	3	Avoir CLARION, E. A. Son paiement..................		890 50
		——— **18 MARS** ———		
4		Doit DANIEL, E. V. Ma facture n° 31..................	4.530 45	
		A Reporter............	21.753 05	12.388 »

GRAND LIVRE		DÉBIT	DÉBIT	CRÉDIT
F° du Débit	F° du Crédit			
		Report............	21.753 95	12.388 »
		19 MARS		
	5	Avoir DALY, E. V. Espèces en compte.......... 2.000 » M/traite n° 122 au 20 avril... 6.250 60		8.250 60
		20 MARS		
	6	Avoir GRARD, E. V. S/chèque n° 456 en compte... 4.000 » M/traite n° 123 au 30 avril... 3.250 20		7.250 20
		21 MARS		
7		Doit JACQUIN, E. V. M/tre n° 32.........................	4.310 50	
		21 MARS		
	8	Avoir KARMANN, E. V. Son chèque n° 730 s/Offroy.............		1.000 »
		23 MARS		
9		Doit MIGNOT, E. V. Ma facture n° 33....................	3.560 45	
		24 MARS		
10		Doit MICHAUT, Londres. M/tre n° 34.............. 2.620 30 Frais d'expédition.......... 140 50	2.760 80	
		25 MARS		
	11	Avoir MARET, E. V. S/chèque n° 2175 s/la Banque Franco-Russe.........................		5.000 »
		25 MARS		
	11	Avoir MARET, E. V. Mon rabais.....................		10 15
		26 MARS		
	12	Avoir PETIT, St-Germain. Espèces.....................		1.000 »
		A Reporter............	32.385 70	35.408 05

GRAND LIVRE		MARS 1891	DÉBIT	CRÉDIT
F^{os} du Débit	F^{os} du Crédit			
		Report............	32.385 70	35.408 95
		27 MARS		
12		Doit PETIT, St-Germain. Ma facture n° 35....................	735 60	
		28 MARS		
	1	Avoir ANDRAL, E. V. M/traite n° 124 fin mai..............		3.200 »
		28 MARS		
	1	Avoir ANDRAL, E. V. Rabais..........................		50 40
		29 MARS		
	2	Avoir BAILLET, E. V. Espèces en compte..................		875 40
		29 MARS		
14		Doit THOMAS, E. V. Ma facture n° 36...................	2.560 95	
		29 MARS		
13		Doit SAVARD, E. V. Ma facture n° 37...................	3.410 50	
		29 MARS		
	13	Avoir SAVARD, E. V. Espèces en compte.................		1.535 80
		30 MARS		
12		Doit PETIT, E. V. Ma facture n° 38...................	2.520 60	
		30 MARS		
	12	Avoir PETIT, E. V. M/traite n° 125 au 10 juin..........		3.870 50
		31 MARS		
	10	Avoir MICHAUT, Londres. Espèces........................		1.635 10
		A Reporter............	41.613 35	46.666 15

GRAND LIVRE F^os du Débit	GRAND LIVRE F^os du Crédit	MARS 1891	DÉBIT	CRÉDIT
		Report............	41.613 35	46.666 15
		31 MARS		
	8	Avoir KARMANN, E. V. S/chèque n° 925 s/Offroy.............		460 15
		31 MARS		
5		Doit DALY, E. V. Ma facture n° 39.....................	9.620 50	
		TOTAUX.................	51.233 85	47.126 30

Récapitulation du mois de Mars 1891

		DÉBIT		
		Solde ancien..........................	83.744 70	
		Vente de Marchandises...............	51.233 85	134.978 55
		CRÉDIT		
		Espèces et chèques...................	30.467 95	
		Effets................................	16.571 30	
		Rabais	87 05	47.126 30
		Rendus..............................	» »	» »
		Solde égal à la balance.....		87.852 25

152. GRAND LIVRE DES DÉBITEURS

LIVRE DES COMPTES COURANTS DES DÉBITEURS

Répertoire du Grand Livre

A		G		M		S	
ANDRAL, 3, rue Biot.	1	GRARD, 7, r. St-Denis.	6	MIGNOT, 7, rue Monge.	9	SAVART, 25, r. Thiers.	13
				MICHAUT, Londres, 7, Percy Street.	10		
				MARET, St-Adresse.	11		
B		H		N		T	
BAILLET, 5, rue Bleue.	2					THOMAS, bd Ney, 10.	14
C		I		O		U	
CLARION, 8, r. de Sfax.	3						
D		J		P		V	
DANIEL, 0, r. de Clichy	4	JACQUIN, 8, r. de Rome.		PETIT, St-Germain.	12		
DALY, 10, r. Soufflot	5						
E		K		Q		X	
		KARMANN, 0, rue Monge.	8				
F		L		R		YZ	

ANDRAL.

1   *Doit*

1891					
Janvier	1	Solde à nouveau.	1	1	3.530 20
	5	Ma facture nᵒˢ 3.	2	1	4.615 20
	28	— 8.	4	1	1.837 05
Février	27	— 19.	9	2	3.250 40
Mars	15	— 29.	13		2.530 40
					15.794 35
Avril	1	A nouveau.			2.530 60

BAILLET,

2   *Doit*

1891					
Janvier	1	Solde à nouveau	1	1	12.820 50
Février	17	M/fre : 3 costumes drap de Lyon.	8	3	875 40
	»	4 — faille	»	2	1.430 20
	»	3 — satin	»	2	1.210 60
	»	5 — chapeaux garn.	»		831 40
	28	— nᵒˢ 20.	9		4.312 50
Mars	13	— 30.	13		1.612 50
					23.096 10
Avril	1	A nouveau.			6.750 40

CLARION,

3   *Doit*

1891					
Janvier	1	Solde à nouveau.	1	1	9.500 »
Février	18	M/fre : 1 manteau fantaisie.	8	2	830 50
	—	1 réparation de costume.	8		640 25
Mars	4	— 1 costume gris clair.	11		228 50
	—	1 — blanc rayé or	»		315 20
					10.514 45
Avril	1	A nouveau.			1.183 95

3, rue Biot, Paris   *Avoir*   1

1891					
Janvier	5	Espèces en compte.	2	1	7.530 20
Février	2	Espèces pour solde.	6	1	2.483 15
Mars	28	Ma traite nᵒ 124 fin mai.	15	1	3.200 »
	»	Rabais.	»	2	50 40
	31	Solde.			2.530 60
					15.794 35

5, rue Bleue, Paris   *Avoir*   2

1891					
Janvier	29	Espèces en compte.	4	1	2.517 70
	»	Sa remise nᵒ 111	»	1	784 »
	»	— 112	»	1	1.000 »
Février	17	Espèces	8	1	8.518 80
Mars	5	—	11	2	2.640 80
	29	—	15	3	875 40
	31	Solde.			6.759 40
					23.096 10

8, rue de Sfax. E. V.   *Avoir*   3

1891					
Janvier	3	Espèces	2	1	800 »
	6	—	3	1	7.200 »
Février	19	—	8	1	500 »
Mars	17	—	13	2	830 50
	31	Solde.			1.183 95
					10.514 45

4   *Doit*   DANIEL.

1891					
Janvier	1	Solde à nouveau	1	1	17.500 »
	3	Ma facture n° 1	2	2	4.526 50
Mars	2	1 manteau bleu	11		610 »
		1 chapeau velours	11		125 »
	18	M/facture n° 31	13		4.530 45
					27.291 95
Avril	1	A nouveau			5.265 45

5   *Doit*   DALY,

1891					
Janvier	1	Solde à nouveau	1	1	9.643 50
	6	Ma facture n° 4	3	2	8.250 60
Mars	3	Costume noir faille	11		650 »
	31	Ma facture n° 39	16		9.620 50
					28.164 60
Avril	1	A nouveau			10.270 50

6   *Doit*   GRARD,

1891					
Janvier	1	Solde à nouveau	1		19.520 60
Février	23	M/facture à divers costumes n°s 17.	8		8.730 50
Mars	7	— — 24.	11		3.510 30
					31.791 40
Avril	1	A nouveau			22.075 20

9, rue de Clichy. E. V.   *Avoir*   4

1891					
Janvier	12	Remise n° 100 (ou bien prenez l'échéance dans le copie d'Effets à Recevoir)	3	1	2.520 »
Février	20	M/traite n°s 118 20 avril	8	1	7.100 »
		— 119 10 mai	»	1	7.080 »
Mars	6	S/chèque 230 s/Girard et Cie	10	2	4.500 »
	»	Rabais		2	20 50
	31	Solde			5.265 45
					27.291 95

10, rue Soufflot. E. V.   *Avoir*   5

1891					
Février	21	Son chèque n° 145 s/Lehideux	8	1	5.000 »
	28	Ma traite n° 121 au 15 avril	9	1	4.643 50
Mars	19	Espèces	13	2	2.000 »
	»	Ma traite n° 122 au 20 avril	»	2	6.350 60
	31	Solde			10.270 50
					28.164 60

7, rue St-Denis, Paris   *Avoir*   6

1891					
Janvier	20	S/remise n° 110 (ou bien prenez l'échéance dans le copie d'Effets à Recevoir)	4		1.866 »
Mars	20	S/chèque n°s 456 en compte	13		4.000 »
	1	Ma traite 123 au 30 avril	»		3.250 20
	31	Solde			22.675 20
					31.791 40

7   Doit   JACQUIN,

1891						
Janvier	1	Solde à nouveau	1	1	10.540	30
	15	Un costume satin	3	2	650	»
	»	Un manteau fourrure	3		1.518	30
	29	Remboursé l'effet n° 15	4		162	05
Mars	21	Ma facture n° 33	13		4.310	50
					22.181	05
Avril		A nouveau			5.930	75

8   Doit   KARMANN,

1891						
Janvier	1	Solde à nouveau	1	1	1.210	15
	9	Un manteau long faille	3	2	1.000	»
Février	9	Un chapeau velours	6	3	400	15
	»	— feuillage	6	3	420	40
	»	Un vêtement satin	6	3	230	60
Mars	9	3 parapluies	12		140	»
		15 douzaines de paires de bas	12		900	»
					3.710	30
Avril	1	A nouveau			1.010	»

9   Doit   MIGNOT,

1891						
Janvier	1	Solde à nouveau	1	1	8.970	00
Février	6	Ma facture n° 10	6	2	2.125	00
	11	— 1 manteau	7	3	1.240	20
	»	— 2 costumes noirs	»		1.410	30
	»	— 25 paires de bas	»		915	30
Mars	23	—	14		3 560	45
					12.502	45
Avril	1	A nouveau			5.880	05

8, rue de Rome. E. V.   *Avoir*   7

1891						
Janvier	20	Ma traite n° 109 au 31 mars	4	1	1.804	50
Février	7	Espèces en compte	7	1	10.000	»
	24		9	1	2.000	»
	»	Ma traite n° 120 au 31 mars	»	1	2 615	80
Mars	8	Espèces	12	2	650	»
		Solde			5.930	75
					22.181	05

9, rue Monge. E. V.   *Avoir*   8

1891						
Janvier	5	Espèces en compte	2	1	1.210	15
Mars	21	S/chèque n° 730 s/Offroy	14	2	1.000	»
	31	— 735 —	16	3	490	15
	»	Solde			1.010	»
					3.710	30

7, rue Monge. E. V.   *Avoir*   9

1891						
Janvier	5	Espèces, p. s	3	1	3.250	00
Février	15	S/b. à m/o. n°s 113 au 31 mars	7	2	1.000	»
	15	— 114 au 30 avril	7	2	4.125	00
Mars	10	Espèces	12	3	1.240	20
	31	Solde			1.880	05
					12.502	45

10   _Doit_   MICHAUT.

1891					
Janvier	1	Solde à nouveau	1	1	4.060 »
Février	12	1 parapluie	7	1	50 »
	»	5 robes	»	1	1.210 50
	»	2 manteaux	»	1	520 00
	»	25 chapeaux	»	1	2.101 »
Mars	24	Ma facture n° 34	14	»	2.620 30
	»	Frais de transport			140 50
					10.645 00
Avril	1	A nouveau			2.720 80

11   _Doit_   MARET,

1891					
Janvier	1	Solde à nouveau	1	1	8.148 20
Février	5	M/fre nos 9	6	2	5.010 15
Mars	12	— 26	12		3.540 »
					17.208 35
Avril	1	A nouveau			3.540 »

12   _Doit_   PETIT,

1891					
Janvier	1	Solde à nouveau	1	1	10.740 50
Février	16	4 costumes fantaisie noir	7	2	1.000 »
	25	Divers costumes	9	3	3.870 50
Mars	27	Ma facture nos 35	11		735 00
	31	— 38	15		2.520 00
					18.867 20
Avril	1	A nouveau			3.256 20

Londres, 7, Percy Street. E. V.   _Avoir_   10

1891					
Février	7	S/chèque nos 125 s/Pablo Gil	6	1	3.750 »
Mars	11	— 226 —	12	1	2.500 »
	31	Espèces	16	1	1.685 10
		Solde			2.700 80
					10.645 00

St-Adresse (Seine-Inférieure.)   _Avoir_   11

1891					
Janvier	3	Espèces	2	1	630 50
	6	—	3	1	6.500 »
Février	14	—	7	1	1.017 70
Mars	25	Chèque n° 2175 s/la Banque Franco-Russe	14	2	5.000 »
	»	Rabais	»	2	10 15
	31	Solde			3.510 »
					17.208 35

Saint-Germain   _Avoir_   12

1891					
Février	16	Ma traite nos 115 au 15 avril	7	1	4.500 »
	»	— 116 30 avril	»	1	3.500 »
	»	— 117 31 mai	»	1	2.740 50
Mars	26	Espèces	14	2	1.000 »
	31	Ma traite n° 125 au 10 juin	15	3	3.870 50
		Solde			3.256 20
					18.867 20

13   *Doit*   **SAVARD,**

1801					
Janvier	1	Solde à nouveau	1	1	23.610 30
	4	1 costume gris	2	2	325 50
	»	1 manteau fourrure loutre	2	2	1.210 30
	7	2 costumes faille	3		1.531 40
Février	26	5 — drap	9		1.830 00
Mars	13	1 — gris	12		480 20
	»	2 — noir	»		1.250 00
	29	Ma facture n° 37	15		3.410 50
					32.682 40
Avril	1	A nouveau			8.456 30

14   *Doit*   **THOMAS,**

1801				
Février	3	Ma facture nos 8	6	4.325 50
Mars	14	— 28	12	1.850 00
	20	— 35	15	2.500 05
				8.237 05
Avril	1	A nouveau		8.237 05

25, rue Thiers, Lyon   *Avoir*   13

1801					
Janvier	12	Sa remise n° 107 au 31 mars	3	1	521 50
Février	4	S/chèque n° 611 s/le Crédit Lyonnais	6	1	22.118 80
Mars	29	Espèces	15	2	1.535 80
	31	Solde			8.456 30
					32.682 40

10, Boulevard Ney, Paris   *Avoir*   14

1801			
Mars	31	Solde	8.237 05
			8.237 05

153. BALANCE DES DÉBITEURS

Chaque mois on relève au Grand-Livre les soldes des comptes des Débiteurs et on en fait le total.

Ce *total* doit être égal au *solde donné par le Journal.*

En faisant le *total* des sommes du *Débit* et du *Crédit des Comptes au Grand-Livre des Débiteurs*, on trouvera le *total du débit égal au total du Débit du compte Débiteur* à la comptabilité centrale, et le *total des crédits de ces comptes* égal au *total du crédit du compte général Débiteurs divers*, parce que ce compte centralisateur comprend à son débit le total des débits des débiteurs et à son crédit le total de leurs crédits.

Comme il serait trop long de faire ces balances chaque mois, on se contente de faire les balances des soldes des comptes.

Ces soldes doivent être les mêmes au *Grand-Livre* et au *Journal des débiteurs*, à la comptabilité centrale.

DÉBITEURS

Balance au 31 Janvier 1891

FOLIOS du GRAND LIVRE		Soldes Débiteurs	Soldes Créditeurs
1	Andral	2.483 15	
2	Baillet	8.518 80	
3	Clarion	500 »	
4	Daniel	19.506 50	
5	Daly	17.894 10	
6	Grard	17.654 60	
7	Jacquin	16.976 05	
8	Karmann	1.000 »	
9	Michaud	4.000 »	
10	Maret	1.017 70	
11	Petit	10.740 50	
12	Savard	25.189 »	
		125.480 40	

DÉBITEURS

Balance au 28 Février 1891

FOLIOS du GRAND LIVRE		Soldes Débiteurs	Soldes Créditeurs
1	Andral	3.250 40	
2	Baillet.	8.663 10	
3	Clarion	1.470 75	
4	Daniel.	4.526 50	
5	Daly.	8.250 60	
6	Grard	26.385 10	
7	Jacquin	2.330 25	
8	Karmann	1.460 15	
9	Mignot	3.565 80	
10	Michaut.	4.135 10	
11	Maret	5.610 15	
12	Petit.	4.870 50	
13	Savard	4.900 80	
14	Thomas.	4.325 50	
		83.744 70	

DÉBITEURS

Balance au 31 Mars 1891

FOLIOS du GRAND LIVRE		Soldes Débiteurs	Soldes Créditeurs
1	Andral	2.530 60	
2	Baillet.	6.759 40	
3	Clarion	1.483 95	
4	Daniel.	5.265 45	
5	Daly.	10.270 50	
6	Grard	22.675 20	
7	Jacquin	5.090 75	
8	Karmann	1.040 »	
9	Mignot	5.886 05	
10	Michaut.	2.760 80	
11	Maret	3.510 »	
12	Petit.	3.256 20	
13	Savard	8.456 90	
14	Thomas.	8.237 05	
		87.852 25	

TENUE DES LIVRES DES CRÉANCIERS

DE LA

MAISON FAVRET

Journal et Grand Livre — Balance de vérification

154. NOTE SUR LE BUREAU DES CRÉANCIERS

Les achats de marchandises sont sous la direction du patron.

La réception se fait à la *manutention*, qui vérifie les quantités reçues et la qualité des marchandises; les manutentionnaires pointent les factures et s'assurent que les calculs sont exacts; ils inscrivent sur les pièces d'étoffe les prix d'achats en lettres; ils enregistrent dans un magasinier les quantités de marchandises reçues, et livrent aux confectionneurs, sur ordre des vendeurs, les quantités nécessaires à la confection d'une robe, d'un manteau, d'un chapeau ou d'un autre objet de toilette.

Dès *qu'une confection* est mise sur le chantier, la manutention lui donne un numéro d'ordre et établit le prix de revient dudit numéro.

Voici le modèle de ce prix de revient :

REVIENT D'UNE CONFECTION N°........

Mme B.

20 m. de faille à 7,20.	144 »
6 m. de velours à 15	90 »
10 m. de doublure à 2,75.	27 50
40 m! de passementerie à 1,20.	48 »
Façon	120 »
Frais généraux 25 0/0 s/le revient.	143 15
Prix de vente sans bénéfice.	572 65

Ces prix de revient doivent être établis très sérieusement.

Les manutentionnaires, ayant pris toutes leurs notes, remettent les factures au bureau de la comptabilité des créanciers.

Là, les factures sont classées par fournisseur.

Au point de vue des écritures dans les livres, il peut être procédé de *deux* manières différentes:

On peut créditer le vendeur au fur et à mesure de ses livraisons; prendre, tant au Journal qu'au Grand-Livre, note de toutes les factures

On peut aussi attendre le relevé ou facture générale qui, à la fin du mois ou à la fin d'un trimestre, viendra résumer le montant de tous les achats faits à une même maison durant une période donnée, et passe les écritures à ce moment. Dans ce cas, les factures sont placées dans des chemises avec le relevé.

Nous avons supposé que les relevés arrivaient mensuellement, et nous avons passé l'écriture de ce seul relevé à la fin du mois.

Voir le Journal des créanciers.

Le paiement des créanciers se fait tous les 10 jours, toutes les quinzaines ou tous les mois; à des époques périodiques, afin d'éviter les pertes de temps.

Avant d'effectuer un paiement, il faut pointer les factures avec les relevés, s'assurer qu'il ne s'est glissé aucune erreur; calculer les escomptes; inscrire sur le dossier : *Bon à payer*.

Préparer les effets qui doivent être remis en paiement;

Faire en sorte que le timbre, dans le cas où on le paie, ne vienne pas changer le solde d'un compte.

Les paiements effectués sont portés dans le Livre de Caisse, de là, ils vont au Journal des Créanciers, puis au Grand-Livre.

155. JOURNAL DES CRÉANCIERS COMMENCÉ LE 1ᵉʳ JANVIER 1891

MOIS DE JANVIER

Balance d'Inventaire

SOLDES CRÉDITEURS A CE JOUR

GRAND LIVRE			DÉBIT	CRÉDIT
Fᵒˢ du Débit	Fᵒˢ du Crédit			
		1ᵉʳ JANVIER		
	1	DUCROCQ solde Créditeur.............		6.827 50
	2	LOUVET —		14.932 50
	3	ROBERT —		18.590 70
	4	RACLE —		4.650 30
	5	RICHON —		10.954 60
	6	REVILLON —		15.632 40
	7	SÉRAUD —		18.725 60
	8	CLADÉ —		9.642 15
	9	MOREL —		6.654 20
	10	JOURNÉ —		12.853 15
		A *Reporter*.............		119.403 10

FOLIOS DU GRAND LIVRE	JANVIER 1891	
	1 — 31	
	A *Reporter*..........	119.403 10
	MARCHANDISES A CRÉANCIERS	
	MES ACHATS DU MOIS :	
1	à *Ducrocq*, son relevé......................	1.520 30
2	à *Robert*, —	3.612 50
3	à *Racle*, —	1.250 60
4	à *Revillon*, —	1.551 85
5	à *Confections*, son relevé du 1er au 10.......	3.250 »
6	à *Ateliers*, — —	1.530 60
7	à *Comptant*, — —	612 30
8	à *Journé*, son relevé......................	1.431 25
9	à *Richon*, —	612 60
10	à *Atelier*, —	1.250 »
11	à *Confections*, son relevé......................	1.610 »
12	à *Comptant*, —	2.540 20
	TOTAL des Achats du mois et Solde ancien.	140.235 30
	CAISSE A CRÉANCIERS	
	à *Gourdon*, son prêt......................	4.000 »
	à *Louvel*, —	3.300 »
	TOTAL des Crédits....	147.535 30

FOLIOS DU GRAND LIVRE.	JANVIER 1891 1 — 31	EFFETS A PAYER	EFFETS A RECEVOIR	ESCOMPTE	CAISSE	TOTAUX
	CRÉANCIERS A EFFETS A PAYER, A EFFETS A RECEVOIR, A CAISSE, A PROFITS ET PERTES :					
1	*Ducrocq*, 10 courant. Paiement n° 102............	100 »			1.230 50	1.330 50
2	*Louvet*, 10 courant. Paiement n° 109................	1.894 50			6.250 20	8.144 70
11	*Confections*, 10 courant. Espèces................				3.250 »	3.250 »
12	*Ateliers*, 10 courant. Espèces................				1.530 60	1.530 60
13	*Comptant*, 10 courant. Espèces................				642 30	642 30
10	*Journé*, 20 courant. Paiement et n° 101............		736 50	1.516 65	10.600 »	12.853 15
2	*Louvet*, 20 courant. Paiement n° 101............			207 50	4.725 »	4.932 50
12	*Ateliers*, 30 courant. Paiement n° 101............				1.250 »	1.250 »
11	*Confections*, 30 courant. Paiement n° 101..........				1.610 »	1.610 »
13	*Comptant*, 30 courant. Paiement n° 101............				2.540 20	2.540 20
3	*Robert*, 30 courant. Paiement n° 101............			12 65	1.200 »	1.212 65
4	*Racle*, 30 courant. Paiement n° 101................				1.500 »	1.500 »
5	*Richon*, 30 courant. Paiement et n° 101................	100 »			2.062 25	2.162 25
		2.891 »	1.736 80	38.391 05		42.058 85

Récapitulation du mois de Janvier 1891

CRÉDIT		
Solde ancien......	119.403 10	
Marchandises achetées.........	20.832 20	
Sommes reçues.........	7.300 »	147.535 30
DÉBIT		
Espèces.........	38.391 05	
Effets à recevoir.........	2.831 »	
Escomptes.........	1 736 80	42.958 85
Solde à ce jour.........		104.576 45

FOLIOS DU GRAND LIVRE	FÉVRIER 1891	
	1er — 28	
	MARCHANDISES A CRÉANCIERS	
12	à *Ateliers*, ses travaux.........	832 50
11	à *Confections*, travaux divers.........	1.456 20
13	à *Comptant*, achats.........	2.830 60
8	à *Cladé*, son relevé.........	3.560 40
1	à *Ducrocq*, —	6.700 50
14	à *Gourdon*, —	634 20
10	à *Journé*, —	2.756 60
2	à *Louvel*, —	650 05
3	à *Robert*, —	1.410 20
4	à *Racle*, —	1.610 60
0	à *Morel*, —	413 85
	TOTAL des Crédits....	22.850 30

FOLIOS DU GRAND LIVRE	FÉVRIER 1891 1 — 31	EFFETS À PAYER	EFFETS À RECEVOIR	ESCOMPTES	ESPÈCES	TOTAUX
	CRÉANCIERS A DIVERS					
1	*Ducrocq*, 10 courant. M/paiement............			697 45	4799 55	5497 »
2	*Louvel*, 10 courant. M/paiement............			30	1855 »	1855 30
3	*Robert*, 20 courant. M/paiement n° 113..........		1000 »	2013 50	14271 55	17318 05
12	*Ateliers*, 20 courant. M/paiement..........				832 50	832 50
11	*Confections*, 20 cour.t M/paiement..........				1456 20	1456 20
13	*Comptant*, 20 courant. M/paiement..........				2850 60	2850 60
4	*Racle*, 28 courant. Effets au 20 avril..............	2000 »		90	2400 »	4400 90
5	*Richon*. Règlement.........		7900 »	471 75	1063 20	9834 95
6	*Récillon*. Règlement.........	6000 »	4500 »	40	5132 »	15632 40
7	*Séraud*. Règlement nos 112, 120..............		8280 30		5000 »	13280 30
8	*Claude*. M/paiement..........			483 10	9159 05	9642 15
9	*Morel*. M/paiement..........			332 70	6321 50	6654 20
14	*Gourdon*. M/paiement n° 10.	5431 »		25		5431 25
		13431 »	21680 30	4000 35	55121 15	91274 »»

Récapitulation du mois de Février 1891

CRÉDIT		
Solde ancien......................	104.576 45	
Achat du mois.....................	22.856 30	127.432 75
DÉBIT		
Effets à payer.....................	13.431 »	
— à recevoir...................	21.689 30	
Escompte...........................	4.030 85	
Espèces............................	55.124 15	94.274 80
Solde à ce jour........		33.157 95

FOLIOS DU GRAND LIVRE	MARS 1891 — 1 — 31	
	MARCHANDISES A CRÉANCIERS	
7	à *Seraud,* son relevé...................	2.450 20
8	à *Richon,* —	3.030 60
9	à *Racle,* —	5.450 20
10	à *Morel,* —	6.730 50
12	à *Gourdon,* —	1.250 20
13	à *Cladé,* —	1.450 75
14	à *Ateliers,* sa note...................	850 45
15	à *Confections,* sa note...................	1.450 30
13	à *Comptant,* —	650 00
10	à *Journé,* son relevé...................	2.650 20
2	à *Louvet,* —	3.420 50
1	à *Ducrocq,* —	1.250 40
	TOTAL des Crédits....	31.210 90

FOLIOS DU GRAND LIVRE	MARS 1891 1 — 31	EFFETS À PAYER	EFFETS À RECEVOIR	ESCOMPTES	ESPÈCES	TOTAUX
	MARCHANDISES À DIVERS					
2	*Louvet*, 10 courant. Remboursement..............				3.300 »	3.300 »
11	*Confections*, 10 cour. M/paiement.......				1.450 30	
12	*Ateliers*, 10 courant. M/paiement.......				856 45	
13	*Comptant*, 10 cour. M/paiement.......				650 60	2.957 85
1	*Ducrocq*, 20 courant. M/paiement.......			193 05	1.327 25	1.520 30
3	*Robert*, 20 courant. Effet n° 10 et Espèces.........	2.000 »		50	1.612 »	3.612 50
4	*Racle*, 20 courant. Espèces et Escompte.............			60	1.610 »	1.610 00
5	*Richon*, 20 courant, n° 117 et Escompte		2.740 50	181 50	708.60	3.630 60
7	*Serand*, 20 courant. Règlement.................			696 30	4.500 »	5.436 30
	A Reporter.........	2.000 »	2.740 50	1.811 95	16.015 20	22.067 65

FOLIOS DU GRAND LIVRE	MARS 1891 1 — 31	EFFETS À PAYER	EFFETS À RECEVOIR	ESCOMPTES	ESPÈCES	TOTAUX
	Report..........	2.000 »	2.740 50	1.311 95	16.015 20	22.067 65
8	*Cladé*. Règlement 5 0/0.....			178 »	3.382 40	3.560 40
9	*Morel*. Règlement 5 0/0.....			20 70	393 15	413 95
10	*Journé*, 10 et 3 0/0........			350 05	2.406 55	2.756 60
14	*Gourdon*, 10 et 3 0/0......			20	634 »	634 20
		2.000 »	2.740 50	1.880 90	22.831 30	29.432 70

Récapitulation du mois de Mars 1891

CRÉDIT			
Solde ancien.....................		33.157 95	
Achats........................		31.240 90	64.398 85
DÉBIT			
Espèces........................		22.831 30	
Effets à Recevoir..................		2.740 50	
— Payer.....................		2.000 »	
Rabais........................		1.860 90	29.432 70
Solde à ce jour..........			34.966 15

156. GRAND LIVRE DES COMPTES CRÉDITEURS

Répertoire

A		G		M		S	
ATELIERS	12	GOURDON, 13, r. Bleue.	14	MOREL, 18. r. de la Paix.	9	SERAND, 3, r. de Rivoli.	7
B		H		N		T	
C CLADÉ, 3, r. d'Amboise. CONFECTIONS COMPTANT	8 11 13	I		O		U	
D DUCROCQ, 20, avenue de l'Opéra.	1	J JOURNÉ, 9, r. d'Uzès	10	P		V	
E		K		Q		X	
F		L LOUVET. 12, rue de la Banque.	2	R ROBERT, 13, r. Richer. RACLE, 8, r. de Rivoli. RICHOS, 9, r. du Temple. REVILLON, 135, rue de Rivoli.	3 4 5 6	YZ	

1   *Doit*   **DUCROCQ,**

1891					
Janvier	10	Espèces, effets et escompte.	3	1	1.330 50
Février	10	—	5	1	5.497 »
Mars	31	—	10	2	1.520 30
		Solde			7.050 90
					16.298 70

2   *Doit*   **LOUVET,**

1891					
Janvier	10	Espèces, effets et escompte.	8	1	8.141 70
	20	— —	»	1	4.082 50
Février	10	— —	5	1	1.855 30
Mars	31	— remboursement.	10	2	3.300 »
		Solde.			4.071 15
					22.308 05

3   *Doit*   **ROBERT,**

1891					
Janvier	20	Espèces et escompte.	3	1	1.212 05
Février	20	Effet n° 143 au 31 mars.	7	1	1.000 »
	»	Escompte	»	1	2.043 50
	»	Espèces	»	1	11.271 55
Mars	31	Effets à payer n° 11 au 30 avril. .	10	2	2.000 »
	»	Espèces et rabais.	»	2	1.012 50
	»	Solde.			1.110 20
					23.553 40

20, Avenue de l'Opéra   *Avoir*   1

1891					
Janvier	1	Solde à nouveau.	1	1	6.827 50
	31	Son relevé.	2	2	1.520 30
Février	28	—	6		6.700 50
Mars	31	—	9		1.250 40
					16.298 70
Avril	1	A nouveau.	11		7.050 90

12, rue de la Banque   *Avoir*   2

1891					
Janvier	1	Solde à nouveau.	1	1	11.032 50
	30	Espèces	2	2	3.300 »
Février	28	Son relevé.	6		650 65
Mars	31	—	9		3.420 50
					22.308 65
Avril	1	A nouveau.	11		4.071 05

12, rue Richer   *Avoir*   3

1891					
Janvier	1	Solde à nouveau	1	1	18.530 70
	31	Son relevé.	2	2	3.612 50
Février	28	—	6		1.410 20
					23.553 40
Avril	1	A nouveau			1.410 20

4   Doit   RACLE,

1891					
Janvier	20	Espèces	3	1	4.500 »
Février	25	Acceptation au 20 avril. nº 8.	7	1	2.000 »
	»	Espèces et escompte	»	1	2.400 00
Mars	31	—	10	2	1.610 60
		Solde.			5.450 20
					12.961 70

5   Doit   RICHON,

1891					
Janvier	20	Espèces, effets et escompte.	3	1	2.402 25
Février	28	Effet nº 118 au 10 avril.	7	1	7.000 »
	»	Espèces	»	1	1.063 20
	»	Escompte	»	1	471 75
Mars	31	Effets nº 117.	10	2	2.740 50
	»	Espèces	»	2	708 60
	»	Escompte	»	2	181 50
					15.227 80

6   Doit   RÉVILLON,

1891					
Février	28	Effet à payer nº 8 au 30 avril. . . .	7	1	6.000 »
	»	— recevoir nº 115 au 15 avril. .	7	1	4.500 »
	»	Espèces et escompte	7	1	5.132 40
Mars	31	Solde.			1.551 85
					17.184 25

8, rue de Rivoli   Avoir   4

1891					
Janvier	1	Solde à nouveau.	1	1	4.650 30
	31	Son relevé.	2	1	1.250 60
Février	28	—	6	2	1.610 60
Mars	31	—	9		5.450 20
					12.961 70
Avril	1	A nouveau.	12		5.450 20

9, rue du Temple   Avoir   5

1891					
Janvier	1	Solde à nouveau.	1	1	10.951 60
	31	Son relevé.	2	1	642 60
Mars	31	—	9	2	3.630 60
					15.227 80

135, rue de Rivoli   Avoir   6

1891					
Janvier	1	Solde à nouveau	1	1	15.632 40
	31	Son relevé.	2		1.551 85
					17.184 25
Avril	1	A nouveau.	12		1.551 85

7   *Doit*   SERAND,

1891					
Février	28	Effets nos 112, 120 et 121.	7		8.280 30
	»	Espèces	»		5.000 »
Mars	31	Espèces et escompte.	10		5.486 30
		Solde.			2.450 20
					21.175 80

8   *Doit*   CLADÉ,

1891						
Février	28	Espèces et escompte	7	1		9.642 15
Mars	31	—	10	2		3.560 40
	»	Solde.				1.450 75
						14.653 30

9   *Doit*   MOREL,

1891						
Février	28	Espèces et escompte	7	1		6.654 20
Mars	31	—	10	2		418 85
	»	Solde.				6.730 50
						13.798 55

3, rue de Brague   *Avoir*   7

1891					
Janvier	1	Solde à nouveau	1		18.725 60
Mars	31	Son relevé.	9		2.450 20
					21.175 80
Avril	1	A nouveau.	12		2.450 20

3, rue d'Amboise   *Avoir*   8

1891						
Janvier	1	Solde à nouveau	1	1		9.642 15
Février	28	S/relevé	6	2		3.560 40
Mars	31	—	9			1.450 75
						14.653 30
Avril	1	A nouveau.				1.450 75

18, rue de la Paix   *Avoir*   9

1891						
Janvier	1	Solde à nouveau	1	1		6.654 20
Février	28	Son relevé.	6	2		418 85
Mars	31	—	9			6.730 50
						13.798 55
Avril	1	A nouveau.	10			6.730 50

10 Doit JOURNÉ,

1801					
Janvier	20	Espèces, effets et escompte	8	1	12.858 15
Mars	31	— escompte	10	2	2.756 60
	»	Solde.			2.650 20
					18.250 95

9, rue d'Uzès *Avoir* 10

1801					
Janvier	1	Solde à nouveau	1	1	12.858 15
Février	28	S/relevé	6	2	2.756 00
Mars	31	—	9		2.650 20
					18.250 95
Avril	1	A nouveau.	12		2.650 20

11 Doit CONFECTI

1801					
Janvier	10	Espèces p. s.	3	1	3.250 »
Février	31	—	3	2	1.610 »
Mars	20	—	7	3	1.456 20
	31	—	10	4	1.450 30
					7.766 50

ONS *Avoir* 11

1801					
Janvier	10	Travaux divers.	2	1	3.250 »
	31	—	2	2	1.610 »
Février	28	—	6	3	1.456 20
Mars	31	—	9	4	1.450 30
					7.766 50

12 Doit ATE

1891					
Janvier	10	Espèces	3	1	1.530 00
Février	31	—	3	2	1.250 »
Mars	20	—	7	3	832 50
	31	—	10	4	856 45
					4.469 55

LIERS *Avoir* 12

1891					
Janvier	10	Travaux divers à l'intérieur.	2	1	1.530 60
	31	—	2	2	1.250 »
Février	28	—	6	3	832 50
Mars	31	—	9		850 45
					4.469 52

13   *Doit*   **COM**

1801					
Janvier	10	Espèces	3	1	612 30
	31	—	8	2	2.540 20
Février	20	—	7	3	2.830 60
Mars	31	—	9	4	650 60
					6.663 70

PTANT,   *Avoir*   13

1801					
Janvier	10	Achats divers	2	1	612 30
	31	—	2	2	2.540 20
Février	28	—	6	3	2.830 00
Mars	31	—	9	4	650 00
					6.663 70

14   *Doit*   **GOURDON,**

1801					
Février	28	Effets à payer nᵒ 10 au 31 mars et rabais	7	1	5.431 25
Mars	31		10	2	634 20
	»	Espèces et rabais.			1.250 20
		Solde.			
					7.315 65

13, rue Bleue   *Avoir*   14

1801					
Janvier	31	Son relevé.	2	1	4.431 25
	»	Espèces en compte	2	1	4.000 »
Février	28	S/relevé	6	2	634 20
Mars	31	—	9		1.250 20
					7.315 65
Avril	1	A nouveau.	10		1.250 20

157. BALANCE DES CRÉANCIERS

Comme pour les débiteurs, on fait le relevé des soldes de tous les comptes au Grand-Livre.

Le total de ces soldes doit être le même à *la balance,* au *Journal* et *au solde* de la *balance du compte* **créanciers,** à la comptabilité centrale.

CRÉANCIERS
Balance au 31 Janvier 1891

FOLIOS du GRAND LIVRE		Soldes Débiteurs	Soldes Créditeurs
1	Ducrocq.		7.017 30
2	Louvet		5.155 90
3	Robert		20.930 55
4	Racle		4.400 90
5	Richon		9.434 05
7	Révillon.		17.184 25
8	Serand		18.725 60
9	Cladé		9.642 15
10	Morel		6.654 20
14	Gourdon		5.431 25
	Total égal au résumé du Journal..		104.576 45

CRÉANCIERS
Balance au 28 Février 1891

FOLIOS du GRAND LIVRE		Soldes Débiteurs	Soldes Créditeurs
1	Ducrocq		8.220 80
2	Louvet		3.950 65
3	Robert		5.022 70
4	Racle		1.610 60
6	Revillon		1.551 85
7	Serand		5.436 30
8	Clade		3.560 40
9	Morel		413 85
10	Journé		2.756 60
14	Gourdon		634 20
	Total égal au résumé du Journal..		33.157 95

CRÉANCIERS

Balance au 31 Mars 1891

FOLIOS du GRAND LIVRE		Soldes Débiteurs	Soldes Créditeurs
1	Ducrocq		7.950 90
2	Louvet		4.071 15
3	Robert		1.410 20
5	Rocle		5.450 20
6	Revillon		1.551 85
7	Serand		2.450 20
8	Cladé		1.450 75
9	Morel		6.780 50
10	Journé		2.650 20
14	Gourdon		1.250 20
	Total égal au résumé du Journal..		34.966 15

TENUE DES LIVRES CENTRALISATRICE

DE LA

MAISON FAVRET

Livre de Caisse, Copie d'Effets à Recevoir, Copie d'Effets à Payer, Journal, Grand Livre, Balances, Inventaire-Bilan et Compte de Profits et Pertes.

158. COMPTABILITÉ CENTRALE

La Comptabilité centrale reçoit communication :

1° Des achats ;

2° Des ventes ;

3° Des recettes à opérer ;

4° Des paiements à faire.

Nous disons des recettes à opérer parce qu'il est bon que les recettes des ventes ne soient pas faites directement par le bureau des Débiteurs.

Les paiements seront également faits par la Comptabilité centrale.

5° Des traites acceptées et de celles dont la Maison est avisée; c'est le bureau de la Comptabilité centrale qui les note d'après les renseignements qui lui sont fournis;

6° Des traites à fournir;

7° Elle entretient les relations d'affaires avec les banquiers;

8° Elle tient le copie d'Effets à Recevoir;

9° Le copie d'Effets à Payer;

10° Le livre de Caisse général;

11° Elle règle les Frais généraux, les Employés, etc.;

12° Les Comptes des personnes qui, sans être fournisseurs ou acheteurs, sont, pour une cause quelconque, débitrices ou créditrices de la Maison :

13° Elle centralise au Journal et au Grand Livre toutes les opérations de la Maison.

BROUILLARD DE LA MAISON FAVRET

35, RUE DE RIVOLI, 35, PARIS

Mois de Janvier

Au 31 décembre 1890, le bilan de la maison Favret se présentait comme suit :

Caisse, espèces en caisse..................................	8.734 95	
Marchandises en magasin................................	49.098 75	
Effets à recevoir en portefeuille, nos 101 à 105............	1.130 »	
Fonds de commerce, sa valeur............................	210.000 »	
Débiteurs, sommes dues par divers (voir au Journal).....	138.014 85	
Loyer d'avance, mon dépôt...............................	13.500 »	
Compagnie du gaz.......................................	755 »	
Fonds de caisse, permanent en caisse.....................	1.000 »	
Lehideux et Cie, leur dette...............................	3.788 50	
Girod, sa dette...	25.354 60	
Frilley, —	36.586 20	
Faillet, —	20.451 85	
	508.324 60	

PASSIF

Créanciers, solde dû par les suivants.........			
Ducrocq, solde créditeurs...................	6.827 50		
Louvet, —	14.933 50		
Robert, —	18.530 70		
Racle, —	4.650 30		
Richon, —	10.954 60		
Revillon, —	15.632 40		
Lerand, —	18.725 60		
Cladé, —	9.642 15		
Morel, —	6.654 20		
Joumé, —	12.853 15	119.403 10	
Effets à payer :			
Nos 1 au 15 février............	5.000 »		
2 18 —	4.000 »		
3 10 mars..............	3.000 »		
4 20 —	8.000 »		
5 25 —	2.000 »		
6 30 avril.............	20.000 »		
7 30 —	14.000 »	56.000 »	
Guy, sa créance.........................		15.000 »	
Toubin, —		12.000 »	
Ravaut, —		14.000 »	
Bit, —		86.850 30	
Capital, —		205.071 20	
		508.324 60	

————————— 31 JANVIER —————————

Les ventes de janvier s'élèvent à 25.408 05
(Voir le journal des débiteurs, fo 115.)

————————— 31 JANVIER —————————

Les achats de janvier s'élèvent à 20.832 20
(Voir le journal des débiteurs, fo 140.)

————————— 31 JANVIER —————————

Les escomptes accordés sur achats se montent à 1.736 80
(Voir le journal des créanciers, fo 141.)

————————— 31 JANVIER —————————

Les effets à recevoir remis aux créanciers s'élèvent à . . . . . 2.831 »
(Voir le journal des créanciers, fo 141.)

————————— 31 JANVIER —————————

Les effets à recevoir fournis sur divers débiteurs. . . . . . . 11.648 »

    Nos 106. . . . . 2.520 »
        107. . . . .   521 50
        109. . . . . 1.894 50 }
        110. . . . . 1.866 » } 8.566 »
        111. . . . .   784 »
        112. . . . . 1.000 »

    Girod. . . . . 3.062 »

	Il est entré en caisse.			53.373 15
3	Reçu des Débiteurs	1.480 50		
5	—	11.090 95		
6	—	13.700 »		
30	—	2.517 70	29.639 15	
17	Encaissé l'Effet no 110. . . .		1.866 »	
30	Reçu des Créanciers.		7.900 »	
24	Reçu de Lehideux et Cie. .	4.000 »		
30	— — . .	7.833 15		
30	— — . .	2.734 85	14.568 »	
	Les sorties de caisse.			56.683 25
10	Payé aux créanciers.	12.903 10		
20	—	15.325 »		
30	—	10.162 60	38.391 05	
	Prélèvement de n/s/Favret:			
19	Espèces.		672 »	
31	Payé frais généraux divers.		11.958 15	
25	Versé chez Lehideux et Cie.		5.500 »	
31	Remboursé l'Effet no 65. . .		162 05	

Copie de nos Bordereaux de négociat'o:

N° 1

Paris, le 20 Janvier 1891

LEHIDEUX & CIE

BORDEREAU des Effets présentés à l'escompte par M. Favre.

2.521 50		Paris, 31 Mars		4 %	
784 »		—	70		29.75
5.520 »		—			
3.825 50					
	20 75	Escompte.			
	4 80	Commission 1/8 0/0.			
	31 55				
3.790 95		Net Bordereau.			

N° 2

Paris, 28 Février 1891.

	150 »	Paris, 5 Avril............	44	4 %	0.75	
1.125 60		— 30 —				
3.500 »	4.625 60	— 30 —	69		35.45	
	4.775 60					36 20
		36.20 Escompte.				
	42 15	15.05 Commission 78 0/0.				
	4.733 45	Net Bordereau.				

FÉVRIER 1891

——— 28 FÉVRIER ———

Les ventes du mois s'élèvent à. 48.788 15
     (Voir le détail, f° 119 du journal des débiteurs.)

——— 28 FÉVRIER ———

Les achats du mois sont de. 22.856 30
     (Voir le journal des créanciers, f° 142.)

——— 28 FÉVRIER ———

Les effets à payer souscrits sont de. . . . .   13.431 »
N°ˢ   8 Racle. . . . .   2.000 »
     9 Revillon . . . .   6.000 »
    10 Gourdon . . . .   5.431 »
     (Voir le copie d'effets à payer et le journal des
     créanciers.)

——— 28 FÉVRIER ———

Les effets à recevoir remis en compte au créanciers s'élèvent à. 21.089 30
     (Voir la copie d'effets à recevoir à la sortie et
     le journal des créanciers, f° 143.)

——— 28 FÉVRIER ———

Les rabais et escomptes accordés par les créanciers s'élèvent à. 4.030 35
     (Journal des créanciers, f° 143.)

——— 28 FÉVRIER ———

Les effets à recevoir fournis sur nos débiteurs
sont les n°ˢ 113 à 121. . . . .   35.135 40

——— 28 FÉVRIER ———

Espèces reçues. 80.483 45
     Débiteurs :
   2   Andral. 2.483 15
   4   Savard. 22.118 80
   7   Michaud. . . . .   3.750 »   28.351 95
     Profits et pertes :
   7   Boni s/chèque Michaud. . . . .   45 »
     Débiteurs :
  10   Jacquin. . . . .   10.000 »
  11   Maret. 1.017 70   11.017 70
     Frillet :
  16   Espèces en compte. . . . .   15.000 »

FÉVRIER 1891

Débiteurs :

	Baillet.	8.518 80	
	Clarion	500 »	
	Daly.	5.000 »	14.018 80

28 FÉVRIER

Girod :

24	Espèces en compte.		10.000 .

Débiteurs :

24	Jacquin		2.000 .

28 FÉVRIER

	La caisse a payé.		71.654 55

Créanciers :

10 c¹	Payé à Ducrocq.	4.799 55	
—	Louvet.	1.855 .	6.654 55

Effets à payer :

15 c¹	Effets n° 1.		5.000 »

Créanciers :

20	Payé Robert.	14.274 55	
—	Ateliers.	832 50	
—	Confections	1.456 20	
—	Comptant.	2.890 60	19.893 85

Favret, c¹ c¹ :

25	Prélèvement.		1.000 »

Créanciers :

20	Payé Racle.	2.400 »	
—	Richon.	1.063 20	
—	Revillon.	5.132 .	
—	Serand.	5.000 »	
—	Cladé.	9.159 05	
—	Morel.	6.321 50	29.075 75

Effets à payer :

28	Payé le n° 2.		1.000 »

Frais généraux :

	Détails à la petite caisse.		6.530 40

MARS 1891

1-31 MARS

Les ventes du mois s'élèvent à la somme de. . . (Voir f° 124 du journal des débiteurs.)	51.233 85

1-31 MARS

Les achats du mois s'élèvent à. . . . . (Voir f° 146 du journal des créanciers.)	31.240 90

1-31 MARS

Les effets à payer souscrits s'élèvent à. . . . . . N° 11, Robert au 30 avril.	2.000 »

1-31 MARS

Les effets à recevoir remis en règlement aux créanciers s'élèvent à. . . . . N° 117, Richon, 31 mai	2.740 50

1-31 MARS

Les rabais accordés par les créanciers sont de. . (Voir f° 146 du journal des créanciers.)	1.860 90

1-31 MARS

Les rabais accordés aux débiteurs s'élèvent à. .	87 05

1-31 MARS

Les effets à recevoir tirés sur les débiteurs n° 120 à 125 sont de.	16.571 30

1-31 MARS

Espèces reçues.		46.497 95
des Débiteurs :		
5 de Baillet.	2.640 80	
6 Daniel.	4.500 »	
8 Jacquin	650 »	
10 Mignot.	1.240 20	
11 Michaud.	2.500 »	11.531 »
de Profits et Pertes :		
11 Boni s/chèque Michaud		30 »

MARS 1891

des Débiteurs :

17	de Clarion		830 50	
18	Daly		2.000 »	
20	Girard		4.000 »	
21	Karman		1.000 »	7.830 50

de Lehideux et Cie :

21 et Espèces			6.000 »

des Débiteurs :

25 et	de Maret		5.600 »	
26	— Petit		1.000 »	
29	— Baillet		875 40	7.475 40

de Faillet :

29 Espèces en compte		10.000 »

des Débiteurs :

29	de Savard		1.535 80	
31	Michaud		1.635 10	
31	Karmann		469 15	3.631 05

1-31 MARS

La caisse a payé. 56.783 10

aux Créanciers :

10 à Louvet		3.300 »	
— Confections		1.450 30	
— Ateliers		856 45	
— Comptant		650 60	6.257 35

aux Effets à Payer :

10 et Payé le n° 3		3.000 »

aux Créanciers :

20 à Ducrocq		1.327 25	
— Robert		1.612 »	
— Racle		1.610 »	
— Richon		708 60	
— Serand		4.500 »	9.757 85

<table>
<tr><td colspan="2" align="center">MARS 1891</td><td></td></tr>
<tr><td colspan="3">aux Effets à Payer :</td></tr>
<tr><td>20</td><td>Payé n° 4. . . . . 8.000 »</td><td rowspan="2">10.000 »</td></tr>
<tr><td>25</td><td>—   5. . . . . 2.000 »</td></tr>
<tr><td colspan="3">aux Créanciers :</td></tr>
<tr><td>31</td><td>Payé Cladé. . . . . 3.382 40</td><td rowspan="4">6.816 10</td></tr>
<tr><td></td><td>—   Morel. . . . . 393 15</td></tr>
<tr><td></td><td>—   Journé. . . . . 2.406 55</td></tr>
<tr><td></td><td>—   Gourdon. . . . . 634 »</td></tr>
<tr><td colspan="3">aux Effets à Payer :</td></tr>
<tr><td>31</td><td>Payé n° 10. . . . .</td><td>5.431 »</td></tr>
<tr><td colspan="3">aux Frais Généraux :</td></tr>
<tr><td colspan="2">Frais détaillés petite caisse. . . . .</td><td>8.570 80</td></tr>
<tr><td colspan="3">à Favret, et et :</td></tr>
<tr><td colspan="2">Prélèvement du mois. . . . .</td><td>950 »</td></tr>
<tr><td colspan="2">A Toubin, espèces en compte. . . . .</td><td>2.000 »</td></tr>
<tr><td colspan="2">A Ravel,   —   . . . .</td><td>4.000 »</td></tr>
</table>

157. — ÉCRITURES DE L'INVENTAIRE

Le montant des ventes durant l'exercice est de. 35.520 65
Les marchandises en magasins valent. . . . . 65.545 »

Total représentant la somme retirée des M^ces, toutes vendues. 101.065 65
Le montant des achats s'élève à. 124.028 15

La différence représentant le bénéfice est de. 07.037 50

On débitera le compte Marchandises de ces bénéfices par le crédit du compte Profits et Pertes :

Marchandises à Profits et Pertes

Bénéfices bruts. 07.037 50

Cette écriture a pour objet de faire que le solde du compte Marchandises représente exactement le stock en magasin.

Dans les ventes, en effet, on trouve le prix d'achat plus les bénéfices; si l'on reprend ces bénéfices à l'avoir pour les porter au débit, on balancera les profits et alors le compte Marchandises présentera au débit deux facteurs : 1° le prix d'achat des marchandises; 2° *les bénéfices*.

L'avoir présentera également : 1° le prix d'achat; 2° *les bénéfices*, puisqu'une *vente avec bénéfice* est égale à *l'achat plus ces bénéfices*. Il y a donc compensation entre les bénéfices au débit et au crédit, par conséquent, la différence entre le total du débit et du crédit du compte Marchandises représente, après cette opération, le stock en magasin.

Il faut ensuite solder les comptes *Frais généraux* et *Favret, compte courant*, qui représentent, l'un, les dépenses de la maison de commerce, l'autre, celles du patron.

On passera au Journal :

---

31 MARS

Profits et Pertes *aux suivants*. 29.081 35

A Frais généraux
Virement pour solde. 27.059 35

A Favret, cᵗ cᵗ
Même motif. . . . . 2.022 »

Après avoir reporté ces articles au compte Profits et Pertes, on fait le total du débit, puis celui du crédit de ce compte. La différence donne le bénéfice net de l'exercice.

Elle s'élève ici à 44.895 50 qui sont reportés, pour solde du compte Profits et Pertes, au compte Capital qu'ils viennent augmenter.

On écrit au Journal :

Profits et Pertes à Capital
Bénéfices nets. 44.895 45

Enfin, on dresse le bilan que l'on copie au Journal et au Livre des Inventaires.

1　Doit ou Entrée　　　　　　　　　　　　　**LIVRE DE**

DATES		LIBELLÉS	Sommes reçues	Totaux par jour
Janvier	1	Solde à nouveau.		8.781 85
	3	*à Débiteurs :*		
		Reçu de Maret	030 50	1.430 50
		— Clarion	800 »	
	5	*à Débiteurs :*		
		Reçu de Karmann	1.210 15	11.000 95
		— Mignot.	3.250 00	
		— Andral.	7.580 20	
	6	*à Débiteurs :*		
		Reçu do Maret	6.500 »	13.700 »
		— Clarion	7.200 »	
	17	*à Effets à Recevoir :*		
		Encaissé le n° 110.		1.800 »
	21	*à Lehideux et Cie :*		
		Espèces en compte val. ce jour. .		4.000 »
	30	*à Créanciers :*		
		Reçu de Journé.	4.000 »	7.300 »
		— Louvel.	3.300 »	
	30	*à Débiteurs :*		
		Reçu de Clarion	500 »	2.517 70
		— Maret	2.017 70	
		à Lehideux et Cie :		
		Espèces en compte val. ce jour. .		10.508 »
				62.108 »

CAISSE　　　　　　　　　　　　　*Avoir ou Sortie*　　1

DATES		LIBELLÉS	Sommes payées	Totaux par jour
Janvier	10	*par Créanciers :*		
		Payé Ducrocq, s/relevé	1.280 50	12.903 00
		— Louvet	6.250 20	
		— Confections.	3.250 »	
		— Ateliers	1.530 00	
		— Achats comptant.	042 30	
	10	*par Favret et Cie :*		
		Mon présentement		672 »
	20	*par Créanciers :*		
		Payé Journé	10.600 »	15.325 »
		— Louvet	4.725 »	
	25	*par Lehideux et Cie :*		
		Mon versement val. ce jour. . .		5.600 »
	30	*par Créanciers :*		
		Payé Ateliers	1.250 »	10.102 45
		— Confections.	1.010 »	
		— Achats comptant.	2.540 20	
		— Robert.	1.200 »	
		— Racle.	1.500 »	
		— Richon	2.002 25	
	31	*par Frais Généraux :*		
		Détaillés petite caisse.		11.958 45
	31	*par Débiteurs :*		
		Remboursé l'effet n° 65 (Mignot).		102 05
		Solde à ce jour		5.421 75
				62.108 »

2   *Doit ou Entrée*   **LIVRE DE**

DATES		LIBELLÉS	Sommes reçues	Totaux par jour
				5.421 75
Février	1	Solde à nouveau.		
	2	*à Débiteurs :*		
		Andral		2.483 15
	4	Chèque Savard, nᵒ 641.		22.418 80
	7	— Michaud		3.750 »
		à Profits et Pertes :		
		Boni s/chèque Michaud		45 »
	10	*à Débiteurs :*		
		Jacquin		10.000 »
	15	Maret.		1.017 70
	16	*à Frilley :*		
		Sa remise, espèces.		15.000 »
		A Reporter.		50.830 40

CAISSE   *Avoir ou Sortie*   2

DATES		LIBELLÉS	Sommes payées	Totaux par jour
Février	10	*par Créanciers :*		
		Payé à Ducrocq	1.799 55	
		— Louvet	1.855 »	6.654 55
	15	*par Effets à Payer :*		
	15	Payé l'effet nᵒ 1		5.000 »
		A Reporter.		11.654 55

3   *Doit ou Entrée*   LIVRE DE

DATES		LIBELLÉS	Sommes reçues	Totaux par jour
		Report............		50.889 40
Février	17	*à Débiteurs :*		
		Reçu de Baillet............		8.518 80
	19	— Clarion		500 »
	21	— Daly............		5.000 »
	21	*à Girod :*		
		Sa remise. ,.........		10.000 »
	24	*à Débiteurs :*		
		Jacquin............		2.000 »
				85.858 20

CAISSE   *Avoir ou Sortie*   3

DATES		LIBELLÉS	Sommes payées	Totaux par jour
		Report............		11.651 55
Février	20	*par Créanciers :*		
		Payé à Robert nᵒ 113......	14.274 55	
		— Ateliers........	832 50	
		— Confections........	1.450 20	
		— Comptant........	2.890 60	19.303 85
	25	*par Favret, cᵗᵉ cᵗ :*		
		Mon prélèvement.........		1.000 »
Février	28	*par Créanciers :*		
		Payé Racle.........	2.400 »	
		— Richon.........	1.003 20	
		— Révillon..........	5.132 »	
		— Serand.........	5.000 »	
		— Cladé.........	0.150 05	
		— Morel.........	0.321 50	20.075 75
	28	*par Effets a Payer :*		
		Payé le nᵒ 2............		1.000 »
	28	*par Frais Généraux :*		
		Détail à la petite caisse.....		6.580 40
		Solde à ce jour.........		71.651 55
				11.203 05
				85.858 20

4 *Doit ou Entrée* — LIVRE DE

DATES		LIBELLÉS	Sommes reçues	Totaux par jour
		A nouveau............		14.203 05
Mars	5	*Débiteurs :*		
		Baillet............		2.010 80
	6	Daniel............		4.500 »
	8	Jacquin............		830 50
	10	Mignot............		30 »
	11	Michaut............		2.500 »
		Profits et Pertes :		
		Boni s/chèque..........		1.240 20
	17	*Débiteurs :*		
		Clarion............		650 »
	18	Duly............		4.500 »
		À Reporter........		31.005 15

DE CAISSE — *Avoir ou Sortie* 4

DATES		LIBELLÉS	Sommes payées	Totaux par jour
		Report............		
Mars	10	*par Créanciers :*		
		Payé Louvet, remb^t.......	3.300 »	
		— Confections.........	1.450 80	
		— Ateliers...........	850 45	
		— Comptant..........	650 60	6.257 35
	10	*par Effets à Payer :*		
		Payé le n° 3...........		3.000 »
Mars	20	*par Créanciers :*		
		Payé à Ducrocq.........	1.327 25	
		— Robert...........	1.012 »	
		— Raele...........	1.010 »	
		— Richon...........	708 60	
		— Serand...........	4.500 »	9.757 85
	20	*par Effets à Payer :*		
		Payé le n° 4...........		8.000 »
		À Reporter........		27.015 20

5 *Doit ou Entrée* **LIVRE DE**

DATES		LIBELLÉS	Sommes reçues	Totaux par jour
		Report............		28.505 15
Mars	20	*à Débiteurs :*		
		Reçu de Girard............		4.000 »
	21	— Karmann............		1.000 »
	21	*à Lehideux et Cie :*		
		Espèces val. ce jour........		6.000 »
	25	*à Débiteurs :*		
		Reçu de Maret............		5.000 »
	26	— Petit............		1.000 »
	29	— Baillet............		875 40
		à Faillet :		
		Espèces en compte........		10.000 »
	20	*à Débiteurs :*		
		Savard............		1.585 80
	31	Michaut............		1.635 10
	31	Karmann............		400 15
				60.701 60
Avril	1	À nouveau............		3.918-50

CAISSE *Avoir ou Sortie* 5

DATES		LIBELLÉS	Sommes reçues	Totaux par jour
		Report............		27.015 20
Mars	25	*par Effets à Payer :*		
		Payé le n° 5............		2.000 »
	31	*par Créanciers :*		
		Payé Cladé............	3.382 40	
		— Morel............	383 15	
		— Journé............	2.400 55	
		— Gourdon............	634 »	6.816 10
	31	*par Effets à Payer :*		
		Payé le n° 10............		5.431 »
	31	*par Frais Généraux :*		
		Ceux du mois détaillés p. caisse.		8.570 80
		par Farret, etc et :		
		Mon prélèvement.........		970 »
	31	*par Toubin :*		
		Espèces en compte........		2.000 »
		par Ravet :		
		—		4.000 »
		Solde à ce jour............		56.784 10
				3.918 50
				60.701 60

161. COPIE DES EFFETS A RECEVOIR

1 *Entrée* **COPIE DES EFFETS A RECEVOIR**

DATES D'ENTRÉE		N°s des Effets	N°s du Border.	NATURE DES EFFETS	CÉDANTS Noms	CÉDANTS Adresses	PAYEURS Noms	PAYEURS Adresses	ÉCHÉANCES		SOMMES PAR EFFET	TOTAL NOMINAL PAR BORDEREAU	AGIO	TOTAL NET PAR BORDEREAU
1891														
Janvier	1	101		T	Daniel	E. V.	Pera	Dijon	15	Mars	736 50			
	»	102		T	Savard	Lyon	Dubois	Lyon	31	Mars	100 »			
	»	103		T	Petit	»	Petit	»	15	Avril	150 »			
	»	104		T	Mignot	»	Mignot	»	10	»	100 »			
	»	105		T	Baillet	»	Baillet	»	20	»	43 50	1.130 »		
	12	106		T	Daniel	E. V.	Girard	E. V.	31	Mars	2.520 »			
	12	107		T	Savard	»	Dupont	St-Denis	31	»	521 50			
	15	108		T	Girod	E. V.	Girod	E. V.	15	Avril	3.062 »			
	20	109		T	Jacquin	»	Jacquin	»	31	Mars	1.894 50			
	25	110		T	Grard	»	Grard	»	17	Février	1.866 »			
	29	111		T	Baillet	»	Baillet	»	31	Mars	784 »			
	»	112		T	»	»	»	»	30	Avril	1.000 »	11.648 »		
Février	15	113		B-O	Mignot	E. V.	Mignot	E. V.	31	Mars	1.000 »			
	»	114		»	»	»	»	»	30	Avril	1.125 60			
	16	115		T	Petit	»	Petit	»	15	»	4.500 »			
	»	116		T	»	»	»	»	30	»	3.500 »			
	»	117		T	»	»	»	»	31	Mai	2.740 50			
	20	118		T	Daniel	»	Daniel	»	10	Avril	7.900 »			
	»	119		T	»	»	»	»	10	Mai	7.080 »			
	25	120		T	Jacquin	»	Jacquin	»	31	Mars	2.645 80			
	28	121		T	Daly	»	Daly	»	15	Avril	4.643 50	35.135 40		
Mars	19	122		T	Daly	E. V.	»	E. V.	20	Avril	6.250 60			
	20	123		T	Grard	»	Grard	»	30	»	3.250 20			
	28	124		T	Andral	»	Andral	»	31	Mai	3.200 »			
	30	125		T	Petit	»	Petit	»	10	Juin	3.870 50	16.571 30		
												64.484 70		

COPIE DES EFFETS A RECEVOIR — *Sortie* 1

DATES DE SORTIE		N°s du Effet	N°s du Bordereau	NATURE DES EFFETS REÇUS	CESSIONNAIRES NOMS	CESSIONNAIRES ADRESSES	ÉCHÉANCES		SOMME PAR EFFET		TOTAL NOMINAL PAR BORDEREAU		AGIO		TOTAL NET DU BORDEREAU	
1891																
Janvier	18	101			Journé	Paris	15	Mars	736	50						
»	»	102			Ducrocq	»	31	»	100	»						
»	»	109			Louvet	»	»	»	1.894	50						
»	»	104			Richon	»	10	Avril	100	«						
»	»	110			Caisse	à Louvet c. esp.	17	Février	1.866	»	4.697	»			4.697	»
»	20	107	1		Lehideux et Cie	Paris	31	Mars	521	50						
»	»	111			»	»	»	»	784	»						
»	»	106			»	»	»	»	2.520	»	3.825	50	34	55	3.790	95
Février	20	103	2		»	»	5	Avril	150	«						
»	»	114			»	»	30	»	1.125	60						
»	»	116			»	»	»	»	3.500	»	4.775	60	42	15	4.733	45
»	20	113			Robert	»	31	Mars	1.000	»	1.000	»			1.000	»
»	28	118			Richon	»	10	Avril	7.900	»	7.900	»			7.900	»
»	28	115			Revillon	»	15	»	4.500	»	4.500	»			4.500	»
»	28	112			Serand	»	30	»	1.000	»						
»	»	120			»	»	31	Mars	2.645	80						
»	»	121			»	»	15	Avril	4.643	50	8.289	30			8.289	30
Mars	20	117			Richon	»	31	Mai	2.740	50	2.740	50			2.740	50
											37.727	90	76	70	37.651	20
															76	70
															37.727	90

DATE de l'effet de l'acceptation ou de l'avis de traite	Nos DES EFFETS	NATURE DE L'EFFET	BÉNÉFICIAIRE OU TIREUR — NOMS	ADRESSES	SOMMES PAR EFFET	DATES DE RENTRÉE OU ÉCHÉANCES		SOMMES PAYÉES	OBSERVATIONS
1891									
Janvier 1	1	T	Girol	Paris	5.000 »	Février	15	5.000 »	Payé
»	2	»	Faillet	»	4.400 »	»	23	4.000 »	»
»	3	»	Frilley	»	3.000 »	Mars	10	3.000 »	»
»	4	»	Journé	»	8.000 »	»	20	8.000 »	»
»	5	»	Louvet	»	2.000 »	»	25	2.000 »	»
»	6	»	Ducrocq	»	20.000 »	Avril	30		»
»	7	»	Toubin	»	14.000 »	»	30		
Février 28	8	»	Racle	»	2.000 »	Avril	20		
28	9	»	Revillon	»	6.000 »	»	30		
»	10	»	Gourlon	»	5.431 »	Mars	31	5.431 »	Payé
Mars 20	11	»	Robert	»	2.000 »	Avril	30		

JOURNAL

DE LA MAISON FAVRET

Commencé le 1er Janvier 1891

	JANVIER 1891		
	———— 1er JANVIER ————		
	Les Suivants à **Bilan**................		508.324 60
	(Pour ouvrir les comptes de mon actif.)		
1	**Caisse :**		
	Espèces en Caisse....................	8.734 20	
3	**Marchandises :**		
	Stock en magasin....................	49.008 75	
4	**Effets à recevoir :**		
	Nos 101 à 105 en portefeuille..........	1.430 »	
5	**Fonds de Commerce :**		
	Son prix d'achat....................	210.000 »	
6	**Débiteurs :**		
	Leurs débits........................	188.014 85	
7	**Loyer d'avance :**		
	Mon dépôt..........................	13.500 »	
8	**Cie du Gaz :**		
	Mon dépôt..........................	735 »	
9	**Fonds de Caisse :**		
	Fonds à la Caisse courante............	1.000 »	
	Lehideux et Cie :		
	Solde débiteur......................	3.788 50	
10	**Girod :**		
	Solde débiteur......................	25.254 60	
11	**Frilly :**		
	Solde débiteur......................	36.580 20	
12	**Faillet :**		
	Solde débiteur......................	20.454 85	
	À *Reporter*..........		508.324 60

JANVIER 1891

		Report..........		508.324 60
		1er JANVIER		
		Bilan aux Suivants		
		(Pour rouvrir les comptes de mon passif.)		
16		à **Créanciers** :		
		Solde créditeur à nouveau............	110.403 10	
15		à **Effets à Payer** :		
		Solde des Effets nos 1 à 7.............	50.000 »	
17		à **Guy** :		
		Solde créditeur..................	15.000 »	
18		à **Toubin** :		
		Solde créditeur..................	12.000 »	
19		à **Ravel** :		
		Solde créditeur..................	14.000 »	
20		à **Cadet** :		
		Solde créditeur..................	86.850 30	
21		à **Capital** :		
		Solde créditeur.	205.071 20	
		1-31 JANVIER		
6	3	**Débiteurs à Marchandises**		
		Mes ventes du mois :		
		Fo 115 du Jl des Drs.................		25.408 65
		1-31 JANVIER		
3	16	**Marchandises à Créanciers**..........		20.832 20
		Mes achats du mois :		
		Fo 142 du Jl des Créanciers............	20.832 35	
		1-31 JANVIER		
10	22	**Créanciers à Profits et Pertes** :		1.730 80
		Escompte en ma faveur. Fo 142 Jl des		
		Créanciers.....................	1.730 80	
		À Reporter..........		550.892 05

Fo 3

			JANVIER 1891		
			Report..........		556.302 25
			— 1-31 JANVIER —		
16			Créanciers........................		2.831 »
			à Effets à Recevoir :		
			Nos 101 Journé.................	738 50	
			102 Richon..................	100 »	
			104 Ducrocq	100 »	
			109 Louvet.................	1.891 50	
			— 1-31 JANVIER —		
4			Effets à Recevoir.................		11.648 »
	10		à Girod :		
			15 ct No 108 au 15 avril..............	3.062 »	
	6		à Débiteurs :		
			12 ct Nos 106 au 31 mars..	2.520 »	
			107 — ..	521 50	
			20 — 109 — ..	1.891 50	
			15 — 110 — ..	1.866 »	
			20 — 111 — ..	781 »	
			— 112 au 30 avril..	1.000 »	8.586 »
			— 1-31 JANVIER —		
1			Caisse.............................		53.373 15
	6		à Débiteurs :		
			3	1.430 50	
			5	11.990 95	
			6	13.700 »	
			30	2.517 70	20.639 15
	4		à Effets à Recevoir :		
			17 Encaissé no 110 remis à Jourdan...	1.866 »	
	16		à Créanciers :		
			30 Reçu de Journé........	4.000 »	
			30 — Louvet	3.300 »	7.300 »
			À Reporter............		621.211 40

Fo 4

JANVIER 1891

		Report............			624.244 40
9	**À Lehideux et Cie :**				
	24	....	4.000 »		
	30	....	7.833 45		
	30	....	2.734 85	14.568 »	
		——— 1-31 JANVIER ———			
1	Les Suivants à Caisse............				50.083 25
16	**Créanciers :**				
	10	....	12.003 60		
	20	....	15.825 »		
	30	....	10.162 45	38.391 05	
24	**Favret cte ct :**				
	10	M/prélèvement :............		672 »	
25	**Frais généraux :**				
	31	Ceux du mois, détail petite Caisse..		11.058 15	
9	**Lehideux et Cie :**				
	25	M/versement..................		5.500 »	
6	**Débiteurs :**				
	31	Rembourse l'effet no 65, Mignot....		162 05	
		——— 1-31 JANVIER ———			
9	**Lehideux et Cie :**				
	Net Bordereau no 1..................			3.700 05	
22	**Profits et Pertes :**				
	Agio..........................			31 52	
4	**À Effets à Recevoir :**				
	Ma négociation......................				3.825 50
		À *Reporter*............			684.753 15

Fo 5

FÉVRIER 1891

Report............   681.753 15

——— 1-28 FÉVRIER ———

Débiteurs à Marchandises...........   48.788 15
  Ventes du mois :
Fo 10 du Jl des Débiteurs.............   48.788 15

——— 1-28 FÉVRIER ———

Marchandises à Créanciers...........   22.856 30
  Mes Achats du mois :
Fo 8 du Jl des Créanciers..............   22.856 30

——— 1-28 FÉVRIER ———

Créanciers.........................   13.431 »
  à Effets à Payer :
Nos 8 Racle,   20 avril...   2.000 »
     9 Revillon, 30 — ...   6.000 »
    10 Gourdon, 31 mars...   5.431 »   13.431 »

——— 1-28 FÉVRIER ———

Créanciers.........................   21.689 30
  à Effets à Recevoir :
Nos 113 Robert.................   1.000 »
    118 Richon.................   7.900 »
    115 Revillon ....   4.500 »
    112-120 et 121 Serand 8.289 30

——— 1-28 FÉVRIER ———

Créanciers.........................   4.030 35
  à Profits et Pertes :
Escomptes en ma faveur..............   4.030 35

——— 1-28 FÉVRIER ———

Effets à Recevoir (1)................   35.135 40
  à Débiteurs :
15 et Nos 113 Mignot.....   1.000 »
15   —   114   — 1.125 60
16   —   115 Petit.......   4.500 »
16   —   116   — ....   8.500 »
16   —   117   — 2.740 50
20   —   118 Daniel.....   7.000 »
20   —   119   —   .....   7.080 »
24   —   120 Jacquin....   2.045 80
28   —   121 Daly.......   4.043 50   35.135 40

A Reporter..............   830.683 05

(1) On peut ne pas donner le détail; écrire
simplement nos 113 à 121. Fr. 35.185,40.

Fo 6

FÉVRIER 1891

Fo	Fo	Désignation			
		Report............			830.683 65
		——— 1-28 FÉVRIER ———			
9	4	Les Suivants à **Effets à Recevoir**.......			4.775 60
		Lehideux et Cie **:**			
22		Net Bordereau no 2..................		4.733 45	
		Profits et Pertes :			
		Agio..................		42 15	
		——— 1-28 FÉVRIER ———			
1		**Caisse** aux Suivants..................			80.433 45
6		**à Débiteurs :**			
	2	Espèces Andral.........	2.483 15		
	4	Chèque Savard.........	22.118 80		
	7	— Michaud .,,.....	3.750 »	28.351 05	
22		**à Profits et Pertes :**			
	7	Boni s/chèque Michaud...........		45 »	
6		**à Débiteurs :**			
	10	Espèces Jacquin........	10.000 »		
	15	— Maret.........	1.017 70	11.017 70	
11		**à Frilley :**			
	16	Espèces en compte..................		15.000 »	
6		**à Débiteurs :**			
	17	Espèces Baillet.........	8.518 80		
	19	— Clarion.........	500 »		
	21	— Daly	5.000 »	14.018 80	
10		**à Girod :**			
	21	Espèces en compte..................		10.000 »	
6		**à Débiteurs :**			
	24	Reçu de Jacquin..................		2.000 »	
		——— 1-28 FÉVRIER ———			
1		Les Suivants à **Caisse**..................			71.654 55
16		**Créanciers :**			
	10 et	Payé à Ducrocq......	4.799 55		
	—	Louvet.......	1.855 »	6.654 55	
15		**Effets à payer :**			
	15 et	Payé l'effet no 1..................		5.000 »	
16		**Créanciers :**			
	20	Payé Robert...........	14.274 55		
	—	Ateliers..........	832 50		
	—	Confections......	1.456 20		
	—	Comptant........	2.890 60	10.303 85	
		A Reporter............		31.048 40	087.547 25

Fo 7

		FÉVRIER 1891		
		Report...............	31.018 40	987.517 25
24		**Favret, c¹ c¹ :**		
	25	Mon prélèvement.................	1.000 »	
		Créanciers :		
	28	Payé Racle........... 2.400 »		
		— Richon........... 1.063 20		
		— Revillon .... 5.132 »		
		— Serand........... 5.000 »		
		— Cladé 9.159 05		
		— Morel........... 6.321 50	29.075 75	
15		**Effets à payer :**		
	28	Payé l'effet nº 2.................	4.000 »	
25		**Frais généraux :**		
		Détail à la Petite Caisse	6.530 40	
		Total des Écritures du mois...		987.517 25

MARS 1891

		1-31 MARS		
6		**Débiteurs**		51.233 85
		à Marchandises :		
	8	Mes ventes du mois.................	51.235 85	

		1-31 MARS		
8		**Marchandises**		31.240 90
		à Créanciers :		
	16	Mes achats du mois	31.240 90	

		1-31 MARS		
16		**Créanciers**		2.000 »
	15	**à Effets à Payer :**		
		Nº 11 Robert, au 30 avril	2.000 »	

		1-31 MARS		
16		**Créanciers**		2.740 50
	4	**à Effets à Recevoir :**		
		Nº 117 Richon, 31 mai..............	2.740 50	

		1-31 MARS		
16		**Créanciers**		1.860 90
	22	**à Profits et Pertes :**		
		Rabais en ma faveur..................	1.860 90	
		À Reporter............		1.076.623 40

Fo 8

MARS 1891

		Report............			1.076.623 40
		1-31 mars			
22		**Profits et Pertes**......................			87 05
	6	à Débiteurs :			
		Rabais à ma charge...................		87 05	
		1-31 mars			
4		**Effets à Recevoir**....................			16.571 30
	6	à Débiteurs :			
		10 et Nos 122 Daly, 20 avril.	6.250 60		
		20 — 123 Grard, 30 — .	3.250 20		
		28 — 124 Andral, 31 mai.	3.200 »		
		30 — 125 Petit, 10 juin..	3.870 50	16.571 30	
		1-31 mars			
1		**Caisse aux Suivants**.................			46.497 05
	6	à Débiteurs :			
		5 Reçu de Baillet..........	2.640 80		
		6 — Daniel..........	4.500 »		
		8 — Jacquin..........	650 »		
		10 — Mignot..........	1.240 20		
		11 — Michaut..........	2.500 »	11.531 »	
22		à Profits et Pertes :			
		11 Boni s/chèque Michaud.............		30 »	
	6	à Débiteurs :			
		17 Reçu de Clarion........	830 50		
		18 — Daly............	2.000 »		
		20 — Girard..........	4.000 »		
		21 — Karmann.......	1.000 »	7.830 50	
	9	à Lehideux et Cie :			
		21 Espèces, valeur ce jour.............		6.000 »	
	6	à Débiteurs :			
		25 et Reçu de Maret........	5.600 »		
		26 — Petit.........	1.000 »		
		29 — Baillet......	875 40	7.475 40	
	12	à Faillet :			
		20 Espèces en compte...............		10.000 »	
	6	à Débiteurs :			
		29 et Reçu de Savard......	1.635 80		
		31 — Michaud....	1.635 10		
		31 — Karmann...	400 15	7.475 40	
		A Reporter.............			1.180.770 70

F° 9

MARS 1891

	Report............		1.139.770 70

1-31 MARS

1	Les Suivants à Caisse................			56.783 10
16	**Créanciers :**			
	10 c¹ Payé Louvet, rembt..	3.300 »		
	— Confections....	1.450 30		
	— Ateliers........	856 45		
	— Comptant......	650 60	6.257 35	
15	**Effets à Payer :**			
	10 c¹ Payé le n° 3....................		3.000 »	
16	**Créanciers :**			
	20 Payé Ducrocq........	1.327 25		
	— Robert..........	1.612 »		
	— Racle..........	1.610 »		
	— Richon.........	708 60		
	— Serand.........	4.500 »	9.757 85	
15	**Effets à Payer :**			
	20 c¹ Payé n°s 4....................		8.000 »	
25	— 5....................		2.000 »	
16	**Créanciers :**			
	31 c¹ Payé Cladé..........	3.382 40		
	— Morel.........	893 15		
	— Journé........	2.406 55		
	— Gourdon.......	34 »	6.816 10	
15	**Effets à Payer :**			
	31 c¹ Payé le n° 10....................		5.431 »	
25	**Frais généraux :**			
	31 c¹ Ceux du mois....................		8.570 80	
24	**Favret, c¹e et :**			
	M/prélèvements du mois..............		950 »	
18	**Toubin :**			
	31 Espèces en compte................		2.000 »	
19	**Ravel :**			
32	31 Espèces en compte		4.000 »	
	A Reporter............			1.190.502 80

Fo 10

MARS 1891

		Report............		1.106.562 80
		31 MARS		
3		**Marchandises.**		
	22	**à Profits et Pertes :**		
		Bénéfices bruts sur ventes............		67·037 50
		31 MARS		
22		**Profits et Pertes**.............		29.081 35
	25	**à Frais généraux :**		
		Transport pour solde................	27.059 35	
	24	**à Favret, cᵗᵉ cᵗ :**		
		Même motif................	2.022 »	
		31 MARS		
22		**Profits et Pertes.**		
	21	**à Capital :**		
		Transport du bénéfice net............		41.895 45
		31 MARS		
		Bilan aux cᵗᵉˢ de l'actif :		
		Pour fermer les comptes formant mon actif, détaillés à la réouverture de l'exercice suivant.......................		453.538 20
		31 MARS		
		Compte du Passif à Bilan :		
		Pour fermer les comptes formant mon passif, détaillés à la réouverture au 1ᵉʳ avril.......................		453.538 20
		Total des Écritures......		2.215.253 70

FIN DE L'EXERCICE

Fo 11

		AVRIL 1891		
		EXERCICE 1891		
		— 1er AVRIL —		
		Les Suivants à **Bilan.**		
		Pour rouvrir les comptes de mon actif.		
1		**Caisse :**		
		Espèces en caisse à ce jour............	3.918 50	
2		**Fonds de Caisse :**		
		Espèces à la Caisse des Débiteurs......	1.000 »	
3		**Marchandises :**		
		Valeur du Stock en magasin..........	65.515 »	
4		**Effets à recevoir :**		
		Effets en Portefeuille................	26.756 80	
6		**Débiteurs**		
		Soldes détaillées à la Balance..........	87.852 25	
10		**Girod**		
		Solde débiteur....................	12.492 60	
11		**Frilley**		
		Solde débiteur....................	21.586 20	
12		**Faillet**		
		Solde débiteur....................	10.451 85	
7		**Loyer d'avance**		
		Dépôt de 6 mois chez Garel............	13.500 »	
8		**Cie du gaz**		
		Dépôt pour 105 brûleurs..............	735 »	
5		**Fonds de Commerce**		
		Son prix d'achat....................	210.000 »	453.538 20
		— 1er AVRIL —		
		Bilan aux Suivants...................		
		Pour rouvrir les comptes de mon passif.		
16		à **Créanciers :**		
		Solde détaillé à la balance............	34.066 15	
15		à **Effets à payer :**		
		Diverses acceptations................	44.000 »	
		A Reporter............		453.538 20

Fo 12

AVRIL 1891

		Report............		453.538 20
17		**à Guy :**		
		Solde créditeur......................	15.000 »	
18		**à Toubin :**		
		Solde créditeur......................	10.000 »	
19		**à Ravel :**		
		Solde créditeur......................	10.000 »	
20		**à Cadet :**		
		Solde créditeur......................	86.850 30	
9		**à Lehideux et C**ie		
		Solde créditeur......................	2.755 10	
21		**à Capital :**		
		Capital à nouveau....................	249.966 65	

(*à suivre.*)

NOTA. — Des Exercices faisant suite à cette monographie seront publiés à la suite du cours.

164. GRAND LIVRE DE LA COMPTABILITÉ CENTRALISATRICE

Répertoire

A		**G**		**M**		**S**	
		GIROD	10	MARCHAN-	3		
		GUY	17	DISES			
B		**H**		**N**		**T**	
						TOUBIN	18
C		**I**		**O**		**U**	
CAISSE	1						
Cie DU GAZ	8						
CRÉANCIERS	16						
CADET	20						
CAPITAL	21						
D		**J**		**P**		**V**	
DÉBITEURS	6			PROFITS ET PERTES	22		
E		**K**		**Q**		**X**	
EFFETS À RECEVOIR	4						
EFFETS À PAYER	15						
F		**L**		**R**		**YZ**	
FONDS DE COMMERCE	5	LOYER D'AVANCE	7	RAVEL	19		
FONDS DE CAISSE	2	LEHIDEUX ET Cie	9				
FRILLEY	11						
FAILLET	12						
FAVRET, c^{ie} c^t	24						
FRAIS GÉNÉRAUX	25						

1   *Doit*   CAIS·SE   *Avoir*   1

1891						1891					
Janvier	1	A Bilan.	1	8.784 85		Janvier	1	Par Divers	4	50.088 25	50.088 25
	31	Divers . . , ...	3	53.878 45	62.408 »	Février	28	—	8		71.654 55
Février	28	—	6		80.488 45	Mars	31	—	9		50.784 10
Mars	31	—	8		46.497 95		»	Par Bilan.	10		8.918 50
					180.089 40						180.089 40
Avril	1	A Bilan.	11	8.918 50							

2   *Doit*   FONDS DE ·CAISSE   *Avoir*   2

1891						1891					
Janvier	1	A Bilan.	1	1.000 »	1.000 »	Mars	31	Par Bilan.	10	1.000 »	1.000 »
Avril	1	A Bilan.	11	1.000 »							

3   *Doit*   MARCHAND·ISES   *Avoir*   3

1891						1891					
Janvier	1	A Bilan.	1	49.008 95		Janvier	31	Ventes du mois	2	25.498 65	25.498 65
	31	Achats du mois.	2	20.832 20	69.090 95	Février	28	—	5		48.788 15
Février	28	—	5		22.856 30	Mars	31	—	7		51.288 85
Mars	31	—	7		31.210 90		»	Par Bilan.	10		65.545 »
		Profits et Pertes.	10		67.087 50						
					191.005 65						191.005 65
Avril	1	A Bilan.	11	65.545 »							

4   *Doit*   **EFFETS A**

1801					
Janvier	1	A Bilan.	1	4.130 »	42.778 »
	31	Divers, nos 101-112.	3	11.648 »	
Février	28	Débiteurs, nos 113-121. . .	5	35.185 40	
					35.185 40
Mars	31	A Débiteurs, nos 122-125. . .	8	16.571 30	
					16.571 30
					64.484 70
Avril	1	A Bilan.	11	26.756 80	

5   *Doit*   **FONDS DE**

1801					
Janvier	1	A Bilan.	1	210.000 »	210.000 »
Mars	31	A Bilan.	11	210.000 »	

RECEVOIR   *Avoir*   4

1801					
Janvier	31	Par Créanciers.	3	2.831 »	8.522 50
		Caisse.	3	1.800 »	
		Divers.	4	3.825 50	
Février	28	Créanciers.	5	21.689 30	26.464 90
		Divers.	6	4.775 60	
Mars	31	Créanciers.	7	2.710 50	2.710 50
	31	Bilan.	10		26.756 80
					64.484 70

COMMERCE   *Avoir*   5

1801					
Mars	31	Par Bilan.	10	210.000 »	210.000 »

6   *Doit*   DÉBITEU[R]

1891					
Janvier	1	A Bilan	1	188.011 85	
	31	Marchandises	2	25.498 05	
	31	Caisse	4	162 05	164.705 55
Février	28	Marchandises	5	48.788 15	48.788 15
Mars	31	A Marchandises	7		51.283 85
					263.727 55
Avril	1	A Bilan	11	87.852 25	

RS   *Avoir*   6

1891					
Janvier	31	Par Effets à Recevoir	3	8.588 "	
		Caisse	3	20.689 15	38.235 15
Février	28	Effets à Recevoir	5	35.485 40	
		Caisse	6	28.351 05	
		—	6	11.017 70	
		—	6	11.018 80	
		—	6	2.000 "	90.523 85
Mars	31	Profits et Pertes	8	87 05	
		Effets à Recevoir	8	16.571 30	
		Caisse	8	11.531 "	
		—	8	7.830 50	
		—	8	7.475 40	
		—	8	3.631 05	47.126 30
		Bilan	10		87.852 25
					263.727 55

7   *Doit*   **LOYER**

1801					
Janvier	1	A Bilan.	1	13.500	»

(1) On peut laisser ce compte sans le fermer ni le rouvrir. Il en est de même de tous les comptes dont le solde ne varie pas.

8   *Doit*   **COMPAGNIE DU**

1801					
Janvier	1	A Bilan.	1	735	»

9   *Doit*   **LEHIDEUX**

1801						
Janvier	1	A Bilan.	1	3.788 50		
	25	Mon versement	4	5.500 »	13.070 45	
	31	Net Bordereau nº 1	4	3.790 95		
Février	20	Net Bordereau nº 2	6	4.733 45	4.733 45	
Mars	31	A Bilan.	10		2.755 10	
					20.568	»

D'AVANCE (1)   *Avoir*   **7**

GAZ   *Avoir*   **8**

ET Cⁱᵉ   *Avoir*   **9**

1801						
Janvier	21	Espèces en compte	4	4.000	»	
	30	—	»	7.833 15		14.568 »
		—	»	2.734 85		
Mars	21	—	8		6.000	»
					20.568	»
Avril	1	Par Bilan.	11	2.755 10		

10   *Doit*   **GIROD**   4, rue du Bac, Paris   *Avoir*   10

1891						1891					
Janvier	1	A Bilan.	1	25.254 60	25.254 60	Janvier	15	Par Effets à Rec., nº 108. .	8	3.062 »	
					25.254 60	Février	21	Caisse, en compte.	6	10.000 »	13.062 »
Mars	31		11	12.492 60		Mars	31	Bilan.	10		12.192 60
		A Bilan.									25.254 60

11   *Doit*   **FRILLEY**   5, rue de Clichy, Paris   *Avoir*   11

1891						1891					
Janvier	1	A Bilan	1	36.586 20	36.586 20	Février	16	Par Caisse	6	15.000 »	15.000 »
					36.586 20	Mars	31	Bilan.	10		21.586 20
Avril	1	Bilan.	11	21.586 20							36.586 20

12   *Doit*   **FAILLET**   9, rue de Rome, Paris   *Avoir*   12

1891						1891					
Janvier	1	A Bilan.	1	20.451 85	20.451 85	Mars	29	Espèces	8	10.000 »	10.000 »
					20.451 85		31	Par Bilan.	11		10.451 85
Avril	1	A Bilan.	11	10.451 85							20.451 85

13   Doit   EFFETS A

1891					
Février	15	A Caisse, nos 1	6	5.000 »	
	28	2	7	4.000 »	9.000 »
Mars	10	— 3	8	3.000 »	
	20	— 4	9	8.000 »	
	25	— 5	9	2.000 »	
	31	— 10	9	5.431 »	18.431 »
	31	Bilan	10		44.000 »
					71.481 »

14   Doit   CRÉANC

1891					
Janvier	31	A Profits et Pertes	2	1.733 80	
		Effets à Recevoir	3	2.841 »	
		Caisse	4	38.391 05	42.958 85
Février	28	Effets à Payer	5	13.431 »	
		— Recevoir	5	21.689 30	
		Profits et Pertes	5	4.030 35	
		Caisse	6	6.654 55	
		—		19.388 85	
		—		29.075 75	94.274 80
Mars	31	Effets à Payer	7	2.000 »	
		— Recevoir	7	2.740 70	
		Profits et Pertes	7	1.859 90	
		Caisse du 10 et	9	6.257 35	
		— 20	9	9.757 85	
		— 30	9	6.816 10	29.432 70
	31	Bilan	10		31.906 15
					201.633 50

PAYER   *Avoir*   13

1891					
Janvier	1	Par Bilan	2	56.000 »	
Février	28	Créanciers, 8 à 10	5	13.431 »	
Mars	31	— 11	7	2.000 »	71.431 »
					71.431 »
Avril	1	Par Bilan	11	44.000 »	

IERS   *Avoir*   14

1891					
Janvier	31	Par Bilan	2	110.403 10	
		Marchandises, Achats	2	20.832 25	
		Caisse	3	7.300 »	147.535 30
Février	28	Marchandises, Achats	5	23.856 30	23.856 30
Mars	31	Par Marchandises	7	31.240 90	31.240 90
					201.632 50
Avril	1	Par Bilan	11	31.906 15	

15 *Doit* **GUY**

1891							
Mars	31	A Bilan.	10			1.500	»

16 *Doit* **TOUBIN**

1891									
Mars	31	A Caisse.	9	2.000	»	2.000	»
		Bilan.	10			10.000	»
						12.000	»

17 *Doit* **RAVEL**

1891								
Mars	31	Espèces en compte.	9	4.000	»	4.000	»
		A Bilan.	10			10.000	»
						14.000	»

A L'USAGE

Des jeunes gens qui se destinent au Commerce
à l'Industrie, à l'Armée ; des adultes : Commerçants
Fabricants, Industriels, Employés
etc., etc.

PREMIERS COURS PUBLIÉS

L'ANGLAIS

Méthode pratique de langue anglaise, permettant d'apprendre à la parler et à l'écrire
même sans l'aide du professeur.

PAR

J. FOUGERON

Professeur agrégé au Collège Rollin

L'ALLEMAND

COURS ÉLÉMENTAIRE de LANGUE ALLEMANDE

Par **Charles FEUILLIÉ**

Professeur agrégé au Lycée Janson de Sailly

LA COMPTABILITÉ

MÉTHODE PRATIQUE & FACILE

PAR **M. CLAPERON**

Professeur à l'École des Hautes Études commerciales
au Collège Chaptal
à l'École J.-B. Say et à l'École coloniale

L'ARITHMÉTIQUE

COURS COMPLET

Par **Henri BUISSON**

Licencié ès-sciences mathématiques
Professeur agrégé à l'École J.-B. Say

Les Cours sont séparés et peuvent former des volumes indépendants les uns des autres

LIBRAIRIE DES PUBLICATIONS MODERNES, 18, Rue Montmartre, PARIS

L'ÉDUCATION

ABONNEMENTS

Paris et Départements. . . .	Un an.	20 francs
—	Six mois. . .	11 »
Étranger.	Un an.	22 francs
—	Six mois . . .	12 »

PRIME GRATUITE

A TOUS LES ABONNÉS D'UN AN

Tous les abonnés d'un an recevront en **prime gratuite**, un magnifique volume de **600 pages**, contenant un grand nombre de gravures et ayant pour titre : la **Maison Illustrée**.

Ce volume renferme des recettes, des procédés, des moyens de faire soi-même et à peu de frais quantité de choses utiles au ménage ; des jeux, des poésies, des problèmes, etc.

Pour les abonnements à l'**Éducation**, s'adresser ou écrire à l'Administration, en envoyant un mandat-poste : 18, rue Montmartre, Paris.

L'ÉDUCATION

Faire une œuvre utile à tous : jeunes gens qui se destinent au Commerce, à l'Industrie, à l'Armée, etc.; adultes, appelés, soit pour les transactions internationales, à avoir besoin des langues étrangères; soit, pour leurs maisons, à avoir à vérifier leurs livres de comptabilité; tel à été le but de cette publication.

Nous avons commencé par les Cours les plus utiles : **l'Anglais, l'Allemand,** *la* **Comptabilité** *et* **l'Arithmétique.** *Les noms des Professeurs choisis dans l'Université nous évitent l'éloge que l'on pourrait faire de cette publication.*

Ces Cours terminés seront immédiatement suivis d'autres Cours : à l'Allemand succédera **l'Espagnol,** *à l'Anglais succédera* **l'Italien,** *à la Comptabilité succédera la* **Bourse,** *etc., etc.*

LES ÉDITEURS

UN NUMÉRO TOUTES LES SEMAINES

50 CENTIMES

Maisons-Laffitte. — Imprimerie J. Lecointe

N° 8. **Prix : 50 Centimes.**

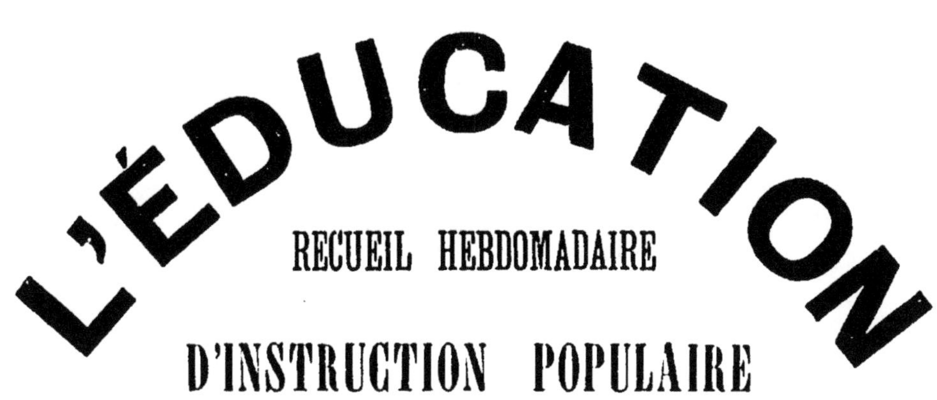

L'ÉDUCATION

RECUEIL HEBDOMADAIRE

D'INSTRUCTION POPULAIRE

A L'USAGE

Des jeunes gens qui se destinent au Commerce
à l'Industrie, à l'Armée ; des adultes : Commerçants
Fabricants, Industriels, Employés
etc., etc.

PREMIERS COURS PUBLIÉS

L'ANGLAIS

Méthode pratique de langue anglaise, permettant d'apprendre à la parler et à l'écrire même sans l'aide du professeur.

PAR

J. FOUGERON

Professeur agrégé au Collège Rollin

L'ALLEMAND

COURS ÉLÉMENTAIRE de LANGUE ALLEMANDE

PAR **Charles FEUILLIÉ**

Professeur agrégé au Lycée Janson de Sailly

LA COMPTABILITÉ

MÉTHODE PRATIQUE & FACILE

PAR **M. CLAPERON**

Professeur à l'École des Hautes Études commerciales
au Collège Chaptal
à l'École J.-B. Say et à l'École coloniale

L'ARITHMÉTIQUE

COURS COMPLET

PAR **Henri BUISSON**

Licencié ès-sciences mathématiques
Professeur agrégé à l'école J.-B. Say

Les Cours sont séparés et peuvent former des volumes indépendants les uns des autres

---

LIBRAIRIE DES PUBLICATIONS MODERNES, 18, Rue Montmartre, PARIS

L'ÉDUCATION

ABONNEMENTS

Paris et Départements....	Un an......	20 francs
—	Six mois...	11 »
Étranger...............	Un an.....	22 francs
—	Six mois ...	12 »

PRIME GRATUITE

A TOUS LES ABONNÉS D'UN AN

Tous les abonnés d'un an recevront en **prime gratuite**, un magnifique volume de **600 pages**, contenant un grand nombre de gravures et ayant pour titre : la **Maison Illustrée**.

Ce volume renferme des recettes, des procédés, des moyens de faire soi-même et à peu de frais quantité de choses utiles au ménage ; des jeux, des poésies, des problèmes, etc.

Pour les abonnements à l'**Éducation**, s'adresser ou écrire à l'Administration, en envoyant un mandat-poste : 18, rue Montmartre, Paris.

L'ÉDUCATION

Faire une œuvre utile à tous : jeunes gens qui se destinent au Commerce, à l'Industrie, à l'Armée, etc.; adultes, appelés, soit pour les transactions internationales, à avoir besoin des langues étrangères; soit, pour leurs maisons, à avoir à vérifier leurs livres de comptabilité; tel a été le but de cette publication.

Nous avons commencé par les Cours les plus utiles : l'**Anglais**, l'**Allemand**, la **Comptabilité** et l'**Arithmétique.** Les noms des Professeurs choisis dans l'Université nous évitent l'éloge que l'on pourrait faire de cette publication.

Ces Cours terminés seront immédiatement suivis d'autres Cours : à l'Allemand succédera l'**Espagnol**, à l'Anglais succédera l'**Italien**, à la Comptabilité succédera la **Bourse**, etc., etc.

LES ÉDITEURS

UN NUMÉRO TOUTES LES SEMAINES

50 CENTIMES

Maisons-Laffitte. — Imprimerie J. Lecointe.

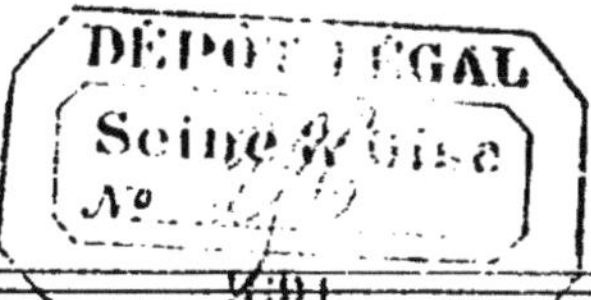

L'ÉDUCATION

RECUEIL HEBDOMADAIRE

D'INSTRUCTION POPULAIRE

A L'USAGE

Des jeunes gens qui se destinent au Commerce
à l'Industrie, à l'Armée ; des adultes : Commerçants
Fabricants, Industriels, Employés
etc., etc.

PREMIERS COURS PUBLIÉS

L'ANGLAIS

Méthode pratique de langue anglaise, permettant d'apprendre à la parler et à l'écrire même sans l'aide du professeur.

PAR

J. FOUGERON

Professeur agrégé au Collège Rollin

L'ALLEMAND

COURS ÉLÉMENTAIRE de LANGUE ALLEMANDE

Par **Charles FEUILLIÉ**

Professeur agrégé au Lycée Janson de Sailly

LA COMPTABILITÉ

MÉTHODE PRATIQUE & FACILE

Par **M. CLAPERON**

Professeur à l'École des Hautes Études commerciales
au Collège Chaptal
à l'École J.-B. Say et à l'École coloniale

L'ARITHMÉTIQUE

COURS COMPLET

Par **Henri BUISSON**

Licencié ès-sciences mathématiques
Professeur agrégé à l'École J.-B. Say

Les Cours sont séparés et peuvent former des volumes indépendants les uns des autres

LIBRAIRIE DES PUBLICATIONS MODERNES, 18, Rue Montmartre, PARIS

L'ÉDUCATION

ABONNEMENTS

Paris et Départements. . . .	Un an.	20 francs
—	Six mois. . .	11 »
Étranger.	Un an.	22 francs
—	Six mois . . .	12 »

PRIME GRATUITE

A TOUS LES ABONNÉS D'UN AN

Tous les abonnés d'un an recevront en **prime gratuite**, un magnifique volume de **600 pages**, contenant un grand nombre de gravures et ayant pour titre : la **Maison Illustrée**.

Ce volume renferme des recettes, des procédés, des moyens de faire soi-même et à peu de frais quantité de choses utiles au ménage ; des jeux, des poésies, des problèmes, etc.

Pour les abonnements à **l'Éducation**, s'adresser ou écrire à l'Administration, en envoyant un mandat-poste : 18, rue Montmartre, Paris.

L'ÉDUCATION

Faire une œuvre utile à tous : jeunes gens qui se destinent au Commerce, à l'Industrie, à l'Armée, etc.; adultes, appelés, soit pour les transactions internationales, à avoir besoin des langues étrangères; soit, pour leurs maisons, à avoir à vérifier leurs livres de comptabilité; tel à été le but de cette publication.

*Nous avons commencé par les Cours les plus utiles : l'**Anglais**, l'**Allemand**, la **Comptabilité** et l'**Arithmétique**. Les noms des Professeurs choisis dans l'Université nous évitent l'éloge que l'on pourrait faire de cette publication.*

*Ces Cours terminés seront immédiatement suivis d'autres Cours : à l'Allemand succédera l'**Espagnol**, à l'Anglais succédera l'**Italien**, à la Comptabilité succédera la **Bourse**, etc., etc.*

LES ÉDITEURS

UN NUMÉRO TOUTES LES SEMAINES

50 CENTIMES

Maisons-Laffitte. — Imprimerie J. Lecotte

L'ÉDUCATION

RECUEIL HEBDOMADAIRE

D'INSTRUCTION POPULAIRE

A L'USAGE

Des jeunes gens qui se destinent au Commerce
à l'Industrie, à l'Armée ; des adultes : Commerçants
Fabricants, Industriels, Employés
etc., etc.

PREMIERS COURS PUBLIÉS

L'ANGLAIS

Méthode pratique de langue anglaise, permettant d'apprendre à la parler et à l'écrire même sans l'aide du professeur.

PAR

J. FOUGERON

Professeur agrégé au Collège Rollin

L'ALLEMAND

COURS ÉLÉMENTAIRE de LANGUE ALLEMANDE

Par **Charles FEUILLIÉ**

Professeur agrégé au Lycée Janson de Sailly

LA COMPTABILITÉ

MÉTHODE PRATIQUE & FACILE

PAR **M. CLAPERON**

Professeur à l'École des Hautes Études commerciales
au Collège Chaptal
à l'École J.-B. Say et à l'École coloniale

L'ARITHMÉTIQUE

COURS COMPLET

Par **Henri BUISSON**

Licencié ès-sciences mathématiques
Professeur agrégé à l'École J.-B. Say

Les Cours sont séparés et peuvent former des volumes indépendants les uns des autres

---

LIBRAIRIE DES PUBLICATIONS MODERNES, 18, Rue Montmartre, PARIS

L'ÉDUCATION

ABONNEMENTS

Paris et Départements. . . .	Un an.	20 francs
—	Six mois. . .	11 »
Étranger.	Un an. . . .	22 francs
—	Six mois . . .	12 »

PRIME GRATUITE

A TOUS LES ABONNÉS D'UN AN

Tous les abonnés d'un an recevront en **prime gratuite**, un magnifique volume de **600 pages**, contenant un grand nombre de gravures et ayant pour titre : la **Maison Illustrée.**

Ce volume renferme des recettes, des procédés, des moyens de faire soi-même et à peu de frais quantité de choses utiles au ménage ; des jeux, des poésies, des problèmes, etc.

Pour les abonnements à **l'Éducation**, s'adresser ou écrire à l'Administration, en envoyant un mandat-poste : 18, rue Montmartre, Paris.

L'ÉDUCATION

Faire une œuvre utile à tous : jeunes gens qui se destinent au Commerce, à l'Industrie, à l'Armée, etc.; adultes, appelés, soit pour les transactions internationales, à avoir besoin des langues étrangères; soit, pour leurs maisons, à avoir à vérifier leurs livres de comptabilité; tel à été le but de cette publication.

Nous avons commencé par les Cours les plus utiles : **l'Anglais, l'Allemand,** *la* **Comptabilité** *et* **l'Arithmétique.** *Les noms des Professeurs choisis dans l'Université nous évitent l'éloge que l'on pourrait faire de cette publication.*

Ces Cours terminés seront immédiatement suivis d'autres Cours : à l'Allemand succédera **l'Espagnol,** *à l'Anglais succédera l'***Italien,** *à la Comptabilité succédera la* **Bourse,** *etc., etc.*

LES ÉDITEURS

UN NUMÉRO TOUTES LES SEMAINES

50 CENTIMES

Maisons-Laffitte. — Imprimerie J. Lucotte

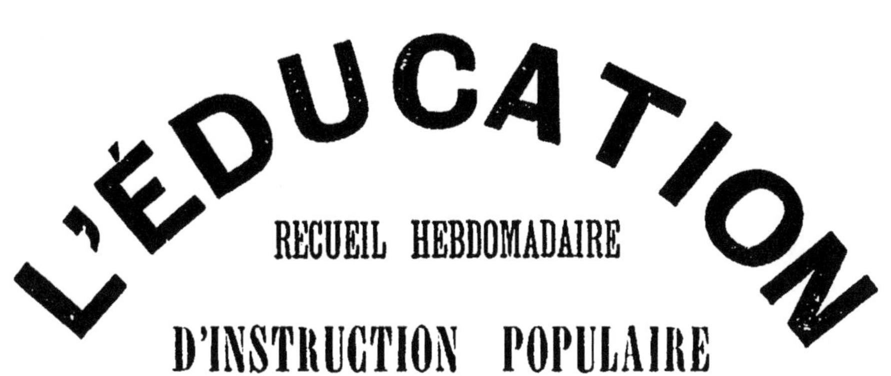

A L'USAGE

Des jeunes gens qui se destinent au Commerce
à l'Industrie, à l'Armée ; des adultes : Commerçants
Fabricants, Industriels, Employés
etc., etc.

PREMIERS COURS PUBLIÉS

L'ANGLAIS

Méthode pratique de langue anglaise, permettant d'apprendre à la parler et à l'écrire même sans l'aide du professeur.

PAR

J. FOUGERON

Professeur agrégé au Collège Rollin

L'ALLEMAND

COURS ÉLÉMENTAIRE de LANGUE ALLEMANDE

Par **Charles FEUILLIÉ**

Professeur agrégé au Lycée Janson de Sailly

LA COMPTABILITÉ

MÉTHODE PRATIQUE & FACILE

Par **M. CLAPERON**

Professeur à l'École des Hautes Études commerciales
au Collège Chaptal
à l'École J.-B. Say et à l'École coloniale

L'ARITHMÉTIQUE

COURS COMPLET

Par **Henri BUISSON**

Licencié ès-sciences mathématiques
Professeur agrégé à l'École J.-B. Say

Les Cours sont séparés et peuvent former des volumes indépendants les uns des autres

LIBRAIRIE DES PUBLICATIONS MODERNES, 18, Rue Montmartre, PARIS

L'ÉDUCATION

ABONNEMENTS

Paris et Départements....	Un an.....	20 francs
—	Six mois...	11 »
Étranger.............	Un an.....	22 francs
—	Six mois ...	12 »

PRIME GRATUITE

A TOUS LES ABONNÉS D'UN AN

Tous les abonnés d'un an recevront en **prime gratuite,** un magnifique volume de **600 pages**, contenant un grand nombre de gravures et ayant pour titre : la **Maison Illustrée.**

Ce volume renferme des recettes, des procédés, des moyens de faire soi-même et à peu de frais quantité de choses utiles au ménage ; des jeux, des poésies, des problèmes, etc.

Pour les abonnements à l'**Éducation,** s'adresser ou écrire à l'Administration, en envoyant un mandat-poste : 18, rue Montmartre, Paris.

L'ÉDUCATION

Faire une œuvre utile à tous : jeunes gens qui se destinent au Commerce, à l'Industrie, à l'Armée, etc.; adultes, appelés, soit pour les transactions internationales, à avoir besoin des langues étrangères; soit, pour leurs maisons, à avoir à vérifier leurs livres de comptabilité; tel à été le but de cette publication.

Nous avons commencé par les Cours les plus utiles : **l'Anglais, l'Allemand,** *la* **Comptabilité** *et* **l'Arithmétique.** *Les noms des Professeurs choisis dans l'Université nous évitent l'éloge que l'on pourrait faire de cette publication.*

Ces Cours terminés seront immédiatement suivis d'autres Cours : à l'Allemand succédera **l'Espagnol,** *à l'Anglais succédera* **l'Italien,** *à la Comptabilité succédera la* **Bourse,** *etc., etc.*

LES ÉDITEURS

UN NUMÉRO TOUTES LES SEMAINES

50 CENTIMES

Maisons-Laffitte. — Imprimerie J. Lucotte

N° 12.

Prix : 50 Centimes.

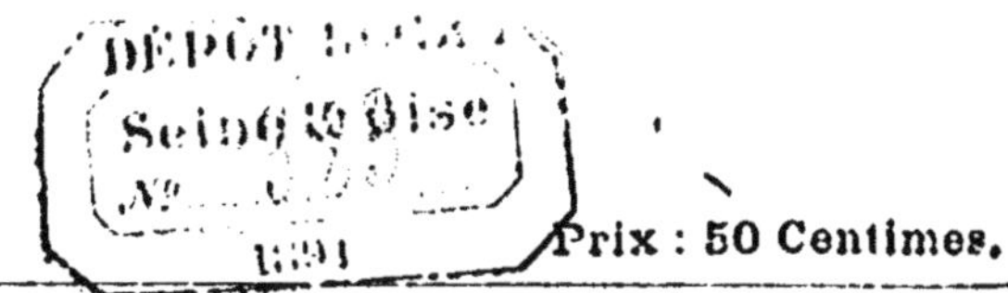

L'ÉDUCATION

POUR TOUS

RECUEIL HEBDOMADAIRE D'INSTRUCTION POPULAIRE

A L'USAGE

Des jeunes gens qui se destinent au Commerce
à l'Industrie, à l'Armée ; des adultes : Commerçants
Fabricants, Industriels, Employés
etc., etc.

PREMIERS COURS PUBLIÉS

L'ANGLAIS

Méthode pratique de langue anglaise, permettant d'apprendre à la parler et à l'écrire même sans l'aide du professeur.

PAR

J. FOUGERON

Professeur agrégé au Collége Rollin

L'ALLEMAND

COURS ÉLÉMENTAIRE de LANGUE ALLEMANDE

Par **Charles FEUILLIÉ**

Professeur agrégé au Lycée Janson de Sailly

LA COMPTABILITÉ

MÉTHODE PRATIQUE & FACILE

Par **M. CLAPERON**

Professeur à l'École des Hautes Études commerciales
au Collége Chaptal
à l'École J.-B. Say et à l'École coloniale

L'ARITHMÉTIQUE

COURS COMPLET

Par **Henri BUISSON**

Licencié ès-sciences mathématiques
Professeur agrégé à l'École J.-B. Say

Les Cours sont séparés et peuvent former des volumes indépendants les uns des autres

---

LIBRAIRIE DES PUBLICATIONS MODERNES, 10, Rue de la Grange-Batelière, PARIS

L'ÉDUCATION

ABONNEMENTS

Paris et Départements....	Un an.....	20 francs
—	Six mois...	11 »
Étranger.............	Un an.....	22 francs
—	Six mois ...	12 »

PRIME GRATUITE

A TOUS LES ABONNÉS D'UN AN

Tous les abonnés d'un an recevront en **prime gratuite**, un magnifique volume de **600 pages**, contenant un grand nombre de gravures et ayant pour titre : la **Maison Illustrée.**

Ce volume renferme des recettes, des procédés, des moyens de faire soi-même et à peu de frais quantité de choses utiles au ménage; des jeux, des poésies, des problèmes, etc.

Pour les abonnements à l'**Education**, s'adresser ou écrire à l'Administration, en envoyant un mandat-poste:

10, rue de la Grange-Batelière, Paris

L'ÉDUCATION

Faire une œuvre utile à tous : jeunes gens qui se destinent au Commerce, à l'Industrie, à l'Armée, etc.; adultes, appelés, soit pour les transactions internationales, à avoir besoin des langues étrangères; soit, pour leurs maisons, à avoir à vérifier leurs livres de comptabilité; tel à été le but de cette publication.

Nous avons commencé par les Cours les plus utiles : **l'Anglais, l'Allemand,** *la* **Comptabilité** *et* **l'Arithmétique.** *Les noms des Professeurs choisis dans l'Université nous évitent l'éloge que l'on pourrait faire de cette publication.*

Ces Cours terminés seront immédiatement suivis d'autres Cours : à l'Allemand succédera **l'Espagnol,** *à l'Anglais succédera* **l'Italien,** *à la Comptabilité succédera la* **Bourse,** *etc., etc.*

LES ÉDITEURS

UN NUMÉRO TOUTES LES SEMAINES

50 CENTIMES

Maisons-Laffitte. — Imprimerie J. Lucotte

L'ÉDUCATION

POUR TOUS

RECUEIL HEBDOMADAIRE D'INSTRUCTION POPULAIRE

A L'USAGE

Des jeunes gens qui se destinent au Commerce
à l'Industrie, à l'Armée ; des adultes : Commerçants
Fabricants, Industriels, Employés
etc., etc.

PREMIERS COURS PUBLIÉS

L'ANGLAIS

Méthode pratique de langue anglaise, permettant d'apprendre à la parler et à l'écrire même sans l'aide du professeur.

PAR

J. FOUGERON

Professeur agrégé au Collège Rollin

L'ALLEMAND

COURS ÉLÉMENTAIRE de LANGUE ALLEMANDE

Par **Charles FEUILLIÉ**

Professeur agrégé au Lycée Janson de Sailly

LA COMPTABILITÉ

MÉTHODE PRATIQUE & FACILE

PAR **M. CLAPERON**

Professeur à l'École des Hautes Études commerciales
au Collège Chaptal
à l'École J.-B. Say et à l'École coloniale

L'ARITHMÉTIQUE

COURS COMPLET

Par **Henri BUISSON**

Licencié ès-sciences mathématiques
Professeur agrégé à l'École J.-B. Say

Les Cours sont séparés et peuvent former des volumes indépendants les uns des autres

LIBRAIRIE DES PUBLICATIONS MODERNES, 10, Rue de la Grange-Batelière, PARIS

L'ÉDUCATION

ABONNEMENTS

Paris et Départements....	Un an......	20 francs
—	Six mois...	11 »
Étranger.............	Un an.....	22 francs
—	Six mois ...	12 »

PRIME GRATUITE

A TOUS LES ABONNÉS D'UN AN

Tous les abonnés d'un an recevront en **prime gratuite,** un magnifique volume de **600 pages,** contenant un grand nombre de gravures et ayant pour titre : la **Maison Illustrée.**

Ce volume renferme des recettes, des procédés, des moyens de faire soi-même et à peu de frais quantité de choses utiles au ménage ; des jeux, des poésies, des problèmes, etc.

Pour les abonnements à l'**Éducation.** s'adresser ou écrire à l'Administration, en envoyant un mandat-poste :

10, rue de la Grange-Batelière, Paris

L'ÉDUCATION

Faire une œuvre utile à tous : jeunes gens qui se destinent au Commerce, à l'Industrie, à l'Armée, etc.; adultes, appelés, soit pour les transactions internationales, à avoir besoin des langues étrangères; soit, pour leurs maisons, à avoir à vérifier leurs livres de comptabilité; tel à été le but de cette publication.

Nous avons commencé par les Cours les plus utiles : **l'Anglais**, **l'Allemand**, *la* **Comptabilité** *et* **l'Arithmétique**. *Les noms des Professeurs choisis dans l'Université nous évitent l'éloge que l'on pourrait faire de cette publication.*

Ces Cours terminés seront immédiatement suivis d'autres Cours : à l'Allemand succédera **l'Espagnol**, *à l'Anglais succédera* **l'Italien**, *à la Comptabilité succédera la* **Bourse**, *etc., etc.*

LES ÉDITEURS

UN NUMÉRO TOUTES LES SEMAINES

50 CENTIMES

Maisons-Laffitte. — Imprimerie J. Lucotte

Nº 14.

Prix : 50 Centimes.

L'ÉDUCATION

POUR TOUS

RECUEIL HEBDOMADAIRE D'INSTRUCTION POPULAIRE

A L'USAGE

Des jeunes gens qui se destinent au Commerce
à l'Industrie, à l'Armée ; des adultes : Commerçants
Fabricants, Industriels, Employés
etc., etc.

PREMIERS COURS PUBLIÉS

L'ANGLAIS

Méthode pratique de langue anglaise, permettant d'apprendre à la parler et à l'écrire même sans l'aide du professeur.

PAR

J. FOUGERON

Professeur agrégé au Collège Rollin

L'ALLEMAND

COURS ÉLÉMENTAIRE de LANGUE ALLEMANDE

Par **Charles FEUILLIÉ**

Professeur agrégé au Lycée Janson de Sailly

LA COMPTABILITÉ

MÉTHODE PRATIQUE & FACILE

PAR **M. CLAPERON**

Professeur à l'École des Hautes Études commerciales
au Collège Chaptal
à l'École J.-B. Say et à l'École coloniale

L'ARITHMÉTIQUE

COURS COMPLET

Par **Henri BUISSON**

Licencié ès-sciences mathématiques
Professeur agrégé à l'École J.-B. Say

Les Cours sont séparés et peuvent former des volumes indépendants les uns des autres

---

LIBRAIRIE DES PUBLICATIONS MODERNES, 10, Rue de la Grange-Batelière, PARIS

L'ÉDUCATION

ABONNEMENTS

Paris et Départements....	Un an.....	20 francs
—	Six mois...	11 »
Étranger............	Un an.....	22 francs
—	Six mois...	12 »

PRIME GRATUITE

A TOUS LES ABONNÉS D'UN AN

Tous les abonnés d'un an recevront en **prime gratuite**, un magnifique volume de **600 pages**, contenant un grand nombre de gravures et ayant pour titre : la **Maison Illustrée**.

Ce volume renferme des recettes, des procédés, des moyens de faire soi-même et à peu de frais quantité de choses utiles au ménage ; des jeux, des poésies, des problèmes, etc.

Pour les abonnements à l'**Éducation**, s'adresser ou écrire à l'Administration, en envoyant un mandat-poste,
10. rue de la Grange-Batelière. Paris

L'ÉDUCATION

Faire une œuvre utile à tous : jeunes gens qui se destinent au Commerce, à l'Industrie, à l'Armée, etc.; adultes, appelés, soit pour les transactions internationales, à avoir besoin des langues étrangères; soit, pour leurs maisons, à avoir à vérifier leurs livres de comptabilité; tel à été le but de cette publication.

Nous avons commencé par les Cours les plus utiles : **l'Anglais, l'Allemand,** *la* **Comptabilité** *et* **l'Arithmétique.** *Les noms des Professeurs choisis dans l'Université nous évitent l'éloge que l'on pourrait faire de cette publication.*

. Ces Cours terminés seront immédiatement suivis d'autres Cours : à l'Allemand succédera **l'Espagnol,** *à l'Anglais succédera* **l'Italien,** *à la Comptabilité succédera* *la* **Bourse,** *etc., etc.*

LES ÉDITEURS

UN NUMÉRO TOUTES LES SEMAINES

50 CENTIMES

Maisons-Laffitte. — Imprimerie J. Lucotte

N° 15.

Prix : 50 Centimes.

L'ÉDUCATION

POUR TOUS

RECUEIL HEBDOMADAIRE D'INSTRUCTION POPULAIRE

A L'USAGE

Des jeunes gens qui se destinent au Commerce
à l'Industrie, à l'Armée ; des adultes : Commerçants
Fabricants, Industriels, Employés
etc., etc.

PREMIERS COURS PUBLIÉS

L'ANGLAIS

Méthode pratique de langue anglaise, permettant d'apprendre à la parler et à l'écrire même sans l'aide du professeur.

PAR

J. FOUGERON

Professeur agrégé au Collège Rollin

L'ALLEMAND

COURS ÉLÉMENTAIRE de LANGUE ALLEMANDE

PAR **Charles FEUILLIÉ**

Professeur agrégé au Lycée Janson de Sailly

LA COMPTABILITÉ

MÉTHODE PRATIQUE & FACILE

PAR **M. CLAPERON**

Professeur à l'École des Hautes Études commerciales
au Collège Chaptal
à l'Ée de J.-B. Say et à l'École coloniale

L'ARITHMÉTIQUE

COURS COMPLET

PAR **Henri BUISSON**

Licencié ès-sciences mathématiques
Professeur agrégé à l'École J.-B. Say

Les Cours sont séparés et peuvent former des volumes indépendants les uns des autres

LIBRAIRIE DES PUBLICATIONS MODERNES, 10, Rue de la Grange-Batelière, PARIS

L'ÉDUCATION

ABONNEMENTS

Paris et Départements.	Un an.	20 francs
—	Six mois. . .	11 »
Étranger.	Un an.	22 francs
—	Six mois . . .	12 »

PRIME GRATUITE

A TOUS LES ABONNÉS D'UN AN

Tous les abonnés d'un an recevront en **prime gratuite**, un magnifique volume de **600 pages**, contenant un grand nombre de gravures et ayant pour titre : la **Maison Illustrée**.

Ce volume renferme des recettes, des procédés, des moyens de faire soi-même et à peu de frais quantité de choses utiles au ménage; des jeux, des poésies, des problèmes, etc.

Pour les abonnements à l'**Education**, s'adresser ou écrire à l'Administration, en envoyant un mandat-poste:

10, rue de la Grange-Batelière, Paris

L'ÉDUCATION

Faire une œuvre utile à tous : jeunes gens qui se destinent au Commerce, à l'Industrie, à l'Armée, etc.; adultes, appelés, soit pour les transactions internationales, à avoir besoin des langues étrangères; soit, pour leurs maisons, à avoir à vérifier leurs livres de comptabilité; tel a été le but de cette publication.

Nous avons commencé par les Cours les plus utiles : **l'Anglais,** **l'Allemand,** *la* **Comptabilité** *et* **l'Arithmétique.** *Les noms des Professeurs choisis dans l'Université nous évitent l'éloge que l'on pourrait faire de cette publication.*

Ces Cours terminés seront immédiatement suivis d'autres Cours : à l'Allemand succédera **l'Espagnol,** *à l'Anglais succédera* **l'Italien,** *à la Comptabilité succédera la* **Bourse,** *etc., etc.*

LES ÉDITEURS

UN NUMÉRO TOUTES LES SEMAINES

50 CENTIMES

Maisons-Laffitte. — Imprimerie J. Lecointe

Nº 16.

Prix : 50 Centimes.

L'ÉDUCATION

POUR TOUS

RECUEIL HEBDOMADAIRE D'INSTRUCTION POPULAIRE

A L'USAGE

Des jeunes gens qui se destinent au Commerce
à l'Industrie, à l'Armée ; des adultes : Commerçants
Fabricants, Industriels, Employés
etc., etc.

PREMIERS COURS PUBLIÉS

L'ANGLAIS

Méthode pratique de langue anglaise, permettant d'apprendre à la parler et à l'écrire même sans l'aide du professeur.

PAR

J. FOUGERON

Professeur agrégé au Collège Rollin

L'ALLEMAND

COURS ÉLÉMENTAIRE de LANGUE ALLEMANDE

Par Charles FEUILLIÉ

Professeur agrégé au Lycée Janson de Sailly

LA COMPTABILITÉ

MÉTHODE PRATIQUE & FACILE

Par M. CLAPERON

Professeur à l'École des Hautes Études commerciales
au Collège Chaptal
à l'École J.-B. Say et à l'École coloniale

L'ARITHMÉTIQUE

COURS COMPLET

Par Henri BUISSON

Licencié ès-sciences mathématiques
Professeur agrégé à l'École J.-B. Say

Les Cours sont séparés et peuvent former des volumes indépendants les uns des autres

LIBRAIRIE DES PUBLICATIONS MODERNES, 10, Rue de la Grange-Batelière, PARIS

L'ÉDUCATION

ABONNEMENTS

Paris et Départements....	Un an.....	20 francs
—	Six mois...	11 »
Étranger............	Un an.....	22 francs
—	Six mois ...	12 »

PRIME GRATUITE

A TOUS LES ABONNÉS D'UN AN

Tous les abonnés d'un an recevront en **prime gratuite**, un magnifique volume de **600 pages**, contenant un grand nombre de gravures et ayant pour titre : la **Maison Illustrée**.

Ce volume renferme des recettes, des procédés, des moyens de faire soi-même et à peu de frais quantité de choses utiles au ménage ; des jeux, des poésies, des problèmes. etc.

Pour les abonnements à l'**Éducation**, s'adresser ou écrire à l'Administration, en envoyant un mandat-poste :

10. rue de la Grange Batellère. Paris

L'ÉDUCATION

Faire une œuvre utile à tous : jeunes gens qui se destinent au Commerce, à l'Industrie, à l'Armée, etc. ; adultes, appelés, soit pour les transactions internationales, à avoir besoin des langues étrangères ; soit, pour leurs maisons, à avoir à vérifier leurs livres de comptabilité ; tel a été le but de cette publication.

Nous avons commencé par les Cours les plus utiles : **l'Anglais,** **l'Allemand,** *la* **Comptabilité** *et* **l'Arithmétique.** *Les noms des Professeurs choisis dans l'Université nous évitent l'éloge que l'on pourrait faire de cette publication.*

Ces Cours terminés seront immédiatement suivis d'autres Cours : à l'Allemand succédera **l'Espagnol,** *à l'Anglais succédera* **l'Italien,** *à la Comptabilité succédera la* **Bourse,** *etc., etc.*

LES ÉDITEURS

UN NUMÉRO TOUTES LES SEMAINES

50 CENTIMES

Maisons-Laffitte. — Imprimerie J. Lecotte

N° 17.   Prix : 50 Centimes.

L'ÉDUCATION

POUR TOUS

RECUEIL HEBDOMADAIRE D'INSTRUCTION POPULAIRE

A L'USAGE

Des jeunes gens qui se destinent au Commerce
à l'Industrie, à l'Armée ; des adultes : Commerçants
Fabricants, Industriels, Employés
etc., etc.

PREMIERS COURS PUBLIÉS

L'ANGLAIS

Méthode pratique de langue anglaise, permettant d'apprendre à la parler et à l'écrire même sans l'aide du professeur.

PAR

J. FOUGERON

Professeur agrégé au Collège Rollin

L'ALLEMAND

COURS ÉLÉMENTAIRE DE LANGUE ALLEMANDE

PAR **Charles FEUILLIÉ**

Professeur agrégé au Lycée Janson de Sailly

LA COMPTABILITÉ

MÉTHODE PRATIQUE & FACILE

PAR **M. CLAPERON**

Professeur à l'École des Hautes Études commerciales
au Collège Chaptal
à l'École J.-B. Say et à l'École coloniale

L'ARITHMÉTIQUE

COURS COMPLET

PAR **Henri BUISSON**

Licencié ès-sciences mathématiques
Professeur agrégé à l'École J.-B. Say

Les Cours sont séparés et peuvent former des volumes indépendants les uns des autres

LIBRAIRIE DES PUBLICATIONS MODERNES, 10, Rue de la Grange-Batelière, PARIS

L'ÉDUCATION

ABONNEMENTS

Paris et Départements. . . .	Un an.	20 francs
—	Six mois. . .	11 »
Étranger.	Un an.	22 francs
—	Six mois . . .	12 »

PRIME GRATUITE

A TOUS LES ABONNÉS D'UN AN

Tous les abonnés d'un an recevront en **prime gratuite**, un magnifique volume de **600 pages**, contenant un grand nombre de gravures et ayant pour titre : la **Maison Illustrée**.

Ce volume renferme des recettes, des procédés, des moyens de faire soi-même et à peu de frais quantité de choses utiles au ménage ; des jeux, des poésies, des problèmes, etc.

Pour les abonnements à l'**Éducation**, s'adresser ou écrire à l'Administration, en envoyant un mandat-poste :
10, rue de la Grange-Batelière, Paris

L'ÉDUCATION

Faire une œuvre utile à tous : jeunes gens qui se destinent au Commerce, à l'Industrie, à l'Armée, etc.; adultes, appelés, soit pour les transactions internationales, à avoir besoin des langues étrangères; soit, pour leurs maisons, à avoir à vérifier leurs livres de comptabilité; tel à été le but de cette publication.

Nous avons commencé par les Cours les plus utiles : **l'Anglais**, **l'Allemand**, *la* **Comptabilité** *et* **l'Arithmétique.** *Les noms des Professeurs choisis dans l'Université nous évitent l'éloge que l'on pourrait faire de cette publication.*

Ces Cours terminés seront immédiatement suivis d'autres Cours : à l'Allemand succédera **l'Espagnol**, *à l'Anglais succédera* **l'Italien**, *à la Comptabilité succédera la* **Bourse**, *etc., etc.*

LES ÉDITEURS

UN NUMÉRO TOUTES LES SEMAINES

50 CENTIMES

Maisons-Laffitte. — Imprimerie J. Lucotte

L'ÉDUCATION

POUR TOUS

RECUEIL HEBDOMADAIRE D'INSTRUCTION POPULAIRE

A L'USAGE

Des jeunes gens qui se destinent au Commerce
à l'Industrie, à l'Armée ; des adultes : Commerçants
Fabricants, Industriels, Employés
etc., etc.

PREMIERS COURS PUBLIÉS

L'ANGLAIS

Méthode pratique de langue anglaise, permettant d'apprendre à la parler et à l'écrire même sans l'aide du professeur.

PAR

J. FOUGERON

Professeur agrégé au Collège Rollin

L'ALLEMAND

COURS ÉLÉMENTAIRE de LANGUE ALLEMANDE

Par **Charles FEUILLIÉ**

Professeur agrégé au Lycée Janson de Sailly

LA COMPTABILITÉ

MÉTHODE PRATIQUE & FACILE

Par **M. CLAPERON**

Professeur à l'École des Hautes Études commerciales
au Collège Chaptal
à l'École J.-B. Say et à l'École coloniale

L'ARITHMÉTIQUE

COURS COMPLET

Par **Henri BUISSON**

Licencié ès-sciences mathématiques
Professeur agrégé à l'École J.-B. Say

Les Cours sont séparés et peuvent former des volumes indépendants les uns des autres

---

LIBRAIRIE DES PUBLICATIONS MODERNES, 10, Rue de la Grange-Batelière, PARIS

L'ÉDUCATION

ABONNEMENTS

Paris et Départements....	Un an.....	20 francs
—	Six mois...	11 »
Étranger...............	Un an.....	22 francs
—	Six mois ...	12 »

PRIME GRATUITE

A TOUS LES ABONNÉS D'UN AN

Tous les abonnés d'un an recevront en **prime gratuite,** un magnifique volume de **600 pages,** contenant un grand nombre de gravures et ayant pour titre : la **Maison Illustrée.**

Ce volume renferme des recettes, des procédés, des moyens de faire soi-même et à peu de frais quantité de choses utiles au ménage ; des jeux, des poésies, des problèmes, etc.

Pour les abonnements à l'**Éducation,** s'adresser ou écrire à l'Administration, en envoyant un mandat-poste ; 10, rue de la Grange-Batelière. Paris

L'ÉDUCATION

Faire une œuvre utile à tous : jeunes gens qui se destinent au Commerce, à l'Industrie, à l'Armée, etc.; adultes, appelés, soit pour les transactions internationales, à avoir besoin des langues étrangères; soit, pour leurs maisons, à avoir à vérifier leurs livres de comptabilité; tel à été le but de cette publication.

Nous avons commencé par les Cours les plus utiles : **l'Anglais, l'Allemand, la Comptabilité** *et* **l'Arithmétique.** *Les noms des Professeurs choisis dans l'Université nous évitent l'éloge que l'on pourrait faire de cette publication.*

Ces Cours terminés seront immédiatement suivis d'autres Cours : à l'Allemand succédera **l'Espagnol,** *à l'Anglais succédera* **l'Italien,** *à la Comptabilité succédera la* **Bourse,** *etc., etc.*

LES ÉDITEURS

UN NUMÉRO TOUTES LES SEMAINES

50 CENTIMES

Maisons-Laffitte. — Imprimerie J. Lucotte

N° 19. Prix : 50 Centimes.

L'ÉDUCATION

POUR TOUS

RECUEIL HEBDOMADAIRE D'INSTRUCTION POPULAIRE

A L'USAGE

Des jeunes gens qui se destinent au Commerce
à l'Industrie, à l'Armée ; des adultes : Commerçants
Fabricants, Industriels, Employés
etc., etc.

PREMIERS COURS PUBLIÉS

L'ANGLAIS

Méthode pratique de langue anglaise, permettant d'apprendre à la parler et à l'écrire même sans l'aide du professeur.

PAR

J. FOUGERON

Professeur agrégé au Collège Rollin

L'ALLEMAND

COURS ÉLÉMENTAIRE de LANGUE ALLEMANDE

PAR **Charles FEUILLIÉ**

Professeur agrégé au Lycée Janson de Sailly

LA COMPTABILITÉ

MÉTHODE PRATIQUE & FACILE

PAR **M. CLAPERON**

Professeur à l'École des Hautes Études commerciales
au Collège Chaptal
à l'École J.-B. Say et à l'École coloniale

L'ARITHMÉTIQUE

COURS COMPLET

PAR **Henri BUISSON**

Licencié ès-sciences mathématiques
Professeur agrégé à l'École J.-B. Say

Les Cours sont séparés et peuvent former des volumes indépendants les uns des autres

LIBRAIRIE DES PUBLICATIONS MODERNES, 10, Rue de la Grange-Batelière, PARIS

L'ÉDUCATION

ABONNEMENTS

Paris et Départements....	Un an.....	20 francs
—	Six mois...	11 »
Étranger.............	Un an.....	22 francs
—	Six mois ...	12 »

PRIME GRATUITE
A TOUS LES ABONNÉS D'UN AN

Tous les abonnés d'un an recevront en **prime gratuite**, un magnifique volume de **600 pages**, contenant un grand nombre de gravures et ayant pour titre : la **Maison Illustrée**.

Ce volume renferme des recettes, des procédés, des moyens de faire soi-même et à peu de frais quantité de choses utiles au ménage ; des jeux, des poésies, des problèmes, etc.

Pour les abonnements à l'**Education**, s'adresser ou écrire à l'Administration, en envoyant un mandat-poste ;

10, rue de la Grange-Batelière, Paris

L'ÉDUCATION

Faire une œuvre utile à tous : jeunes gens qui se destinent au Commerce, à l'Industrie, à l'Armée, etc.; adultes, appelés, soit pour les transactions internationales, à avoir besoin des langues étrangères; soit, pour leurs maisons, à avoir à vérifier leurs livres de comptabilité; tel à été le but de cette publication.

Nous avons commencé par les Cours les plus utiles : l'**Anglais,** l'**Allemand,** la **Comptabilité** et l'**Arithmé-tique.** *Les noms des Professeurs choisis dans l'Université nous évitent l'éloge que l'on pourrait faire de cette publication.*

Ces Cours terminés seront immédiatement suivis d'autres Cours : à l'Allemand succédera l'**Espagnol,** *à l'Anglais succédera* l'**Italien,** *à la Comptabilité succédera* la **Bourse.** *etc., etc.*

LES ÉDITEURS

UN NUMÉRO TOUTES LES SEMAINES

50 CENTIMES

Maisons-Laffitte. — Imprimerie J. Lecotte

N° 20.   Prix : 50 Centimes.

L'ÉDUCATION

POUR TOUS

RECUEIL HEBDOMADAIRE D'INSTRUCTION POPULAIRE

A L'USAGE

Des jeunes gens qui se destinent au Commerce
à l'Industrie, à l'Armée ; des adultes : Commerçants
Fabricants, Industriels, Employés
etc., etc.

PREMIERS COURS PUBLIÉS

L'ANGLAIS

Méthode pratique de langue anglaise, permettant d'apprendre à la parler et à l'écrire même sans l'aide du professeur.

PAR

J. FOUGERON
Professeur agrégé au Collège Rollin

L'ALLEMAND

COURS ÉLÉMENTAIRE de LANGUE ALLEMANDE

Par **Charles FEUILLIÉ**
Professeur agrégé au Lycée Janson de Sailly

LA COMPTABILITÉ

MÉTHODE PRATIQUE & FACILE

Par **M. CLAPERON**
Professeur à l'École des Hautes Études commerciales
au Collège Chaptal
à l'École J.-B. Say et à l'École coloniale

L'ARITHMÉTIQUE

COURS COMPLET

Par **Henri BUISSON**
Licencié ès-sciences mathématiques
Professeur agrégé à l'École J.-B. Say

Les Cours sont séparés et peuvent former des volumes indépendants les uns des autres

---

LIBRAIRIE DES PUBLICATIONS MODERNES, 10, Rue de la Grange-Batelière, PARIS

L'ÉDUCATION

ABONNEMENTS

Paris et Départements. . . .	Un an.	20 francs
—	Six mois. . .	11 »
Étranger.	Un an.	22 francs
—	Six mois . . .	12 »

PRIME GRATUITE

A TOUS LES ABONNÉS D'UN AN

Tous les abonnés d'un an recevront en **prime gratuite**, un magnifique volume de **600 pages**, contenant un grand nombre de gravures et ayant pour titre : la **Maison Illustrée**.

Ce volume renferme des recettes, des procédés, des moyens de faire soi-même et à peu de frais quantité de choses utiles au ménage ; des jeux, des poésies, des problèmes, etc.

Pour les abonnements à l'**Education**, s'adresser ou écrire à l'Administration, en envoyant un mandat-poste :
10, rue de la Grange-Batelière, Paris

L'ÉDUCATION

Faire une œuvre utile à tous : jeunes gens qui se destinent au Commerce, à l'Industrie, à l'Armée, etc.; adultes, appelés, soit pour les transactions internationales, à avoir besoin des langues étrangères; soit, pour leurs maisons, à avoir à vérifier leurs livres de comptabilité; tel à été le but de cette publication.

*Nous avons commencé par les Cours les plus utiles : l'**Anglais**, l'**Allemand**, la **Comptabilité** et l'**Arithmétique**. Les noms des Professeurs choisis dans l'Université nous évitent l'éloge que l'on pourrait faire de cette publication.*

*Ces Cours terminés seront immédiatement suivis d'autres Cours : à l'Allemand succédera l'**Espagnol**, à l'Anglais succédera l'**Italien**, à la Comptabilité succédera la **Bourse**, etc., etc.*

LES ÉDITEURS

UN NUMÉRO TOUTES LES SEMAINES

50 CENTIMES

Maisons-Laffitte. — Imprimerie J. Lecomte

Prix : 50 Centimes.

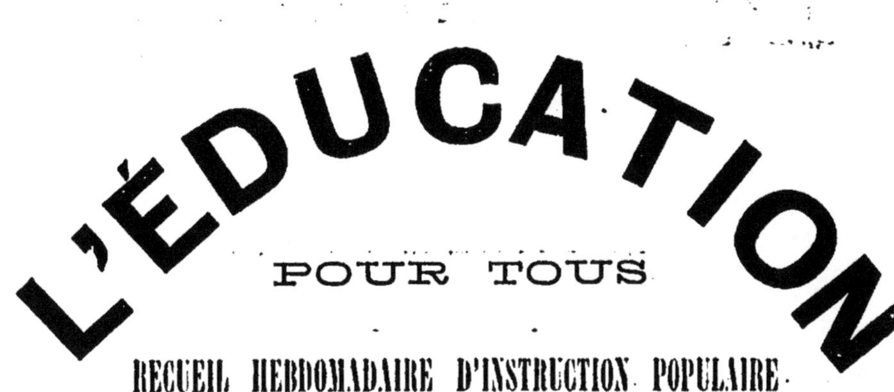

L'ÉDUCATION

POUR TOUS

RECUEIL HEBDOMADAIRE D'INSTRUCTION POPULAIRE

À L'USAGE

Des jeunes gens qui se destinent au Commerce
à l'Industrie, à l'Armée ; des adultes : Commerçants
Fabricants, Industriels, Employés
etc., etc.

PREMIERS COURS PUBLIÉS

L'ANGLAIS

Méthode pratique de langue anglaise, permettant d'apprendre à la parler et à l'écrire même sans l'aide du professeur.

PAR

J. FOUGERON

Professeur agrégé au Collège Rollin

L'ALLEMAND

COURS ÉLÉMENTAIRE de LANGUE ALLEMANDE

Par **Charles FEUILLIÉ**

Professeur agrégé au Lycée Janson de Sailly

LA COMPTABILITÉ

MÉTHODE PRATIQUE & FACILE

Par **M. CLAPERON**

Professeur à l'École des Hautes Études commerciales
au Collège Chaptal
à l'École J.-B. Say et à l'École coloniale

L'ARITHMÉTIQUE

COURS COMPLET

Par **Henri BUISSON**

Licencié ès-sciences mathématiques
Professeur agrégé à l'École J.-B. Say

Les Cours sont séparés et peuvent former des volumes indépendants les uns des autres

---

LIBRAIRIE DES PUBLICATIONS MODERNES, 10, Rue de la Grange-Batelière, PARIS

L'ÉDUCATION

ABONNEMENTS

Paris et Départements. . . .	Un an.	20 francs
—	Six mois. . .	11 »
Étranger.	Un an.	22 francs
—	Six mois . . .	12 »

PRIME GRATUITE
A TOUS LES ABONNÉS D'UN AN

Tous les abonnés d'un an recevront en **prime gratuite**, un magnifique volume de **600 pages**, contenant un grand nombre de gravures et ayant pour titre : la **Maison Illustrée**.

Ce volume renferme des recettes, des procédés, des moyens de faire soi-même et à peu de frais quantité de choses utiles au ménage ; des jeux, des poésies, des problèmes, etc.

Pour les abonnements à l'**Éducation**, s'adresser ou écrire à l'Administration, en envoyant un mandat-poste :

10, rue de la Grange-Batelière, Paris

L'ÉDUCATION

Faire une œuvre utile à tous : jeunes gens qui se destinent au Commerce, à l'Industrie, à l'Armée, etc.; adultes, appelés, soit pour les transactions internationales, à avoir besoin des langues étrangères; soit, pour leurs maisons, à avoir à vérifier leurs livres de comptabilité; tel a été le but de cette publication.

*Nous avons commencé par les Cours les plus utiles : l'**Anglais**, l'**Allemand**, la **Comptabilité** et l'**Arithmétique**. Les noms des Professeurs choisis dans l'Université nous évitent l'éloge que l'on pourrait faire de cette publication.*

*Ces Cours terminés seront immédiatement suivis d'autres Cours : à l'Allemand succédera l'**Espagnol**, à l'Anglais succédera l'**Italien**, à la Comptabilité succédera la **Bourse**, etc., etc.*

LES ÉDITEURS

UN NUMÉRO TOUTES LES SEMAINES

50 CENTIMES

Maisons-Laffitte. — Imprimerie J. Lecotte

Nᵒ 14

Prix : 50 Centimes.

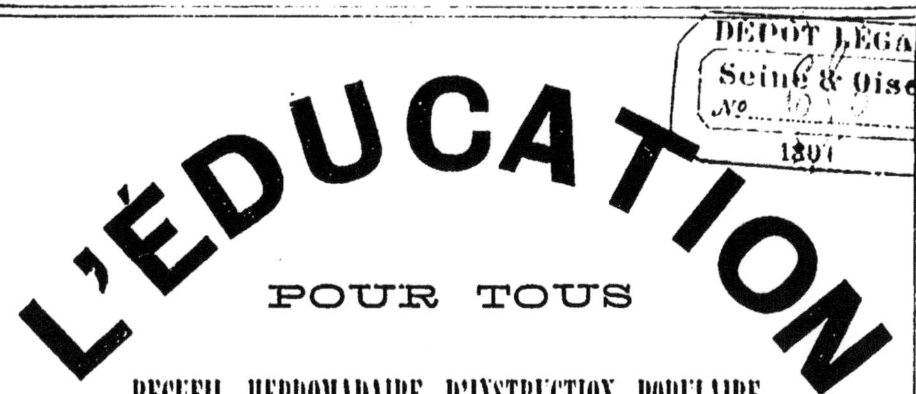

L'ÉDUCATION

POUR TOUS

RECUEIL HEBDOMADAIRE D'INSTRUCTION POPULAIRE

A L'USAGE

Des jeunes gens qui se destinent au Commerce
à l'Industrie, à l'Armée ; des adultes : Commerçants
Fabricants, Industriels, Employés
etc., etc.

PREMIERS COURS PUBLIÉS

L'ANGLAIS

Méthode pratique de langue anglaise, permettant d'apprendre à la parler et à l'écrire même sans l'aide du professeur.

PAR

J. FOUGERON

Professeur agrégé au Collège Rollin

L'ALLEMAND

COURS ÉLÉMENTAIRE de LANGUE ALLEMANDE

Par Charles FEUILLIÉ

Professeur agrégé au Lycée Janson de Sailly

LA COMPTABILITÉ

MÉTHODE PRATIQUE & FACILE

Par **M. CLAPERON**

Professeur à l'École des Hautes Études commerciales
au Collège Chaptal
à l'École J.-B. Say et à l'École coloniale

L'ARITHMÉTIQUE

COURS COMPLET

Par **Henri BUISSON**

Licencié ès-sciences mathématiques
Professeur agrégé à l'École J.-B. Say

Les Cours sont séparés et peuvent former des volumes indépendants les uns des autres

---

LIBRAIRIE DES PUBLICATIONS MODERNES, 10, Rue de la Grange-Batelière, PARIS

L'ÉDUCATION

ABONNEMENTS

Paris et Départements....	Un an.....	20 fra... s
—	Six mois...	11 »
Étranger.............	Un an.....	22 francs
—	Six mois ...	12 »

PRIME GRATUITE

A TOUS LES ABONNÉS D'UN AN

Tous les abonnés d'un an recevront en **prime gratuite,** un magnifique volume de **600 pages,** contenant un grand nombre de gravures et ayant pour titre : la **Maison Illustrée.**

Ce volume renferme des recettes, des procédés, des moyens de faire soi-même et à peu de frais quantité de choses utiles au ménage ; des jeux, des poésies, des problèmes, etc.

Pour les abonnements à **l'Éducation,** s'adresser ou écrire à l'Administration, en envoyant un mandat-poste : 10, rue de la Grange-Batelière, Paris

L'ÉDUCATION

Faire une œuvre utile à tous : jeunes gens qui se destinent au Commerce, à l'Industrie, à l'Armée, etc.; adultes, appelés, soit pour les transactions internationales, à avoir besoin des langues étrangères; soit, pour leurs maisons, à avoir à vérifier leurs livres de comptabilité; tel à été le but de cette publication.

Nous avons commencé par les Cours les plus utiles : **l'Anglais, l'Allemand,** *la* **Comptabilité** *et* **l'Arithmétique.** *Les noms des Professeurs choisis dans l'Université nous évitent l'éloge que l'on pourrait faire de cette publication.*

Ces Cours terminés seront immédiatement suivis d'autres Cours : à l'Allemand succédera **l'Espagnol,** *à l'Anglais succédera* **l'Italien,** *à la Comptabilité succédera* *la* **Bourse,** *etc., etc.*

LES ÉDITEURS

UN NUMÉRO TOUTES LES SEMAINES

50 CENTIMES

Maisons-Laffitte. — Imprimerie J. Lecotin

Prix : 50 Centimes.

L'ÉDUCATION

POUR TOUS

RECUEIL HEBDOMADAIRE D'INSTRUCTION POPULAIRE

A L'USAGE

Des jeunes gens qui se destinent au Commerce
à l'Industrie, à l'Armée ; des adultes : Commerçants
Fabricants, Industriels, Employés
etc., etc.

PREMIERS COURS PUBLIÉS

L'ANGLAIS

Méthode pratique de langue anglaise, permettant d'apprendre à la parler et à l'écrire même sans l'aide du professeur.

PAR

J. FOUGERON

Professeur agrégé au Collège Rollin

L'ALLEMAND

COURS ÉLÉMENTAIRE de LANGUE ALLEMANDE

Par Charles FEUILLIÉ

Professeur agrégé au Lycée Janson de Sailly

LA COMPTABILITÉ

MÉTHODE PRATIQUE & FACILE

Par M. CLAPERON

Professeur à l'École des Hautes Études commerciales
au Collège Chaptal
à l'École J.-B. Say et à l'École coloniale

L'ARITHMÉTIQUE

COURS COMPLET

Par Henri BUISSON

Licencié ès-sciences mathématiques
Professeur agrégé à l'École J.-B. Say

Les Cours sont séparés et peuvent former des volumes indépendants les uns des autres

---

LIBRAIRIE DES PUBLICATIONS MODERNES, 10, Rue de la Grange-Batelière, PARIS

L'ÉDUCATION

ABONNEMENTS

Paris et Départements....	Un an......	20 francs
—	Six mois...	11 »
Étranger.............	Un an.....	22 francs
—	Six mois...	12 »

PRIME GRATUITE

A TOUS LES ABONNÉS D'UN AN

Tous les abonnés d'un an recevront en **prime gratuite**, un magnifique volume de **600 pages**, contenant un grand nombre de gravures et ayant pour titre : la **Maison Illustrée**.

Ce volume renferme des recettes, des procédés, des moyens de faire soi-même et à peu de frais quantité de choses utiles au ménage ; des jeux, des poésies, des problèmes, etc.

Pour les abonnements à l'**Éducation**, s'adresser ou écrire à l'Administration, en envoyant un mandat-poste :

10, rue de la Grange-Batelière. Paris

L'ÉDUCATION

Faire une œuvre utile à tous : jeunes gens qui se destinent au Commerce, à l'Industrie, à l'Armée, etc. ; adultes, appelés, soit pour les transactions internationales, à avoir besoin des langues étrangères; soit, pour leurs maisons, à avoir à vérifier leurs livres de comptabilité; tel a été le but de cette publication.

Nous avons commencé par les Cours les plus utiles : **l'Anglais, l'Allemand,** *la* **Comptabilité** *et* **l'Arithmétique.** *Les noms des Professeurs choisis dans l'Université nous évitent l'éloge que l'on pourrait faire de cette publication.*

Ces Cours terminés seront immédiatement suivis d'autres Cours : à l'Allemand succédera **l'Espagnol,** *à l'Anglais succédera* **l'Italien,** *à la Comptabilité succédera la* **Bourse,** *etc., etc.*

LES ÉDITEURS

UN NUMÉRO TOUTES LES SEMAINES

50 CENTIMES

Maisons-Laffitte. — Imprimerie J. Lecottx

Prix : 50 Centimes.

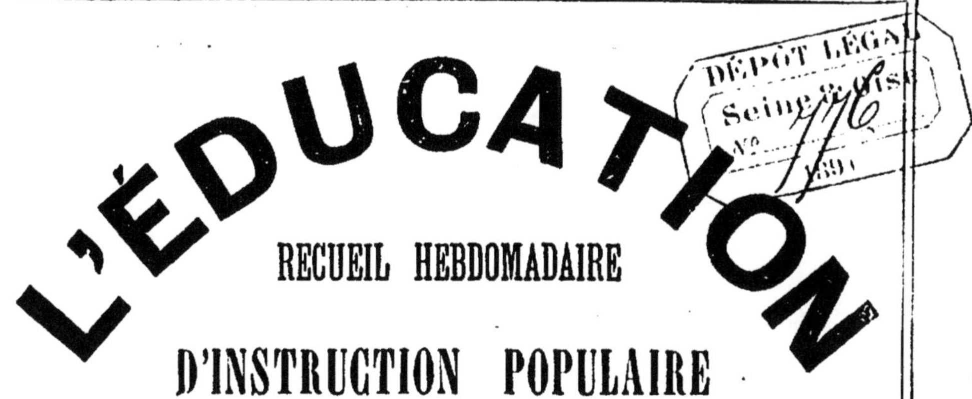

L'ÉDUCATION

RECUEIL HEBDOMADAIRE

D'INSTRUCTION POPULAIRE

A L'USAGE

Des jeunes gens qui se destinent au Commerce
à l'Industrie, à l'Armée ; des adultes : Commerçants
Fabricants, Industriels, Employés
etc., etc.

PREMIERS COURS PUBLIÉS

L'ANGLAIS

Méthode pratique de langue anglaise, permettant d'apprendre à la parler et à l'écrire même sans l'aide du professeur.

PAR

J. FOUGERON

Professeur agrégé au Collège Rollin

L'ALLEMAND

COURS ÉLÉMENTAIRE de LANGUE ALLEMANDE

PAR **Charles FEUILLIÉ**

Professeur agrégé au Lycée Janson de Sailly

LA COMPTABILITÉ

MÉTHODE PRATIQUE & FACILE

PAR **M. CLAPERON**

Professeur à l'École des Hautes Études commerciales
au Collège Chaptal
à l'École J.-B. Say et à l'École coloniale

L'ARITHMÉTIQUE

COURS COMPLET

PAR **Henri BUISSON**

Licencié ès-sciences mathématiques
Professeur agrégé à l'École J.-B. Say

Les Cours sont séparés et peuvent former des volumes indépendants les uns des autres

---

LIBRAIRIE DES PUBLICATIONS MODERNES, 18, Rue Montmartre, PARIS

L'ÉDUCATION

ABONNEMENTS

Paris et Départements. . . .	Un an.	20 francs
—	Six mois. . .	11 »
Étranger.	Un an.	22 francs
—	Six mois . . .	12 »

PRIME GRATUITE

A TOUS LES ABONNÉS D'UN AN

Tous les abonnés d'un an recevront en **prime gratuite**, un magnifique volume de **600 pages**, contenant un grand nombre de gravures et ayant pour titre : la **Maison Illustrée**.

Ce volume renferme des recettes, des procédés, des moyens de faire soi-même et à peu de frais quantité de choses utiles au ménage ; des jeux, des poésies, des problèmes, etc.

Pour les abonnements à **l'Éducation**, s'adresser ou écrire à l'Administration, en envoyant un mandat-poste : 18, rue Montmartre, Paris.

L'ÉDUCATION

Faire une œuvre utile à tous : jeunes gens qui se destinent au Commerce, à l'Industrie, à l'Armée, etc.; adultes, appelés, soit pour les transactions internationales, à avoir besoin des langues étrangères; soit, pour leurs maisons, à avoir à vérifier leurs livres de comptabilité; tel a été le but de cette publication.

Nous avons commencé par les Cours les plus utiles : **l'Anglais**, **l'Allemand**, **la Comptabilité** *et* **l'Arithmétique.** *Les noms des Professeurs choisis dans l'Université nous évitent l'éloge que l'on pourrait faire de cette publication.*

Ces Cours terminés seront immédiatement suivis d'autres Cours : à l'Allemand succédera **l'Espagnol**, *à l'Anglais succédera* **l'Italien,** *à la Comptabilité succédera la* **Bourse,** *etc., etc.*

LES ÉDITEURS

UN NUMÉRO TOUTES LES SEMAINES

50 CENTIMES

Maisons-Laffitte. — Imprimerie J. Lecomte

N° 3.

Prix : 50 Centimes.

L'ÉDUCATION

RECUEIL HEBDOMADAIRE

D'INSTRUCTION POPULAIRE

A L'USAGE

Des jeunes gens qui se destinent au Commerce
à l'Industrie, à l'Armée ; des adultes : Commerçants
Fabricants, Industriels, Employés
etc., etc.

PREMIERS COURS PUBLIÉS

L'ANGLAIS

Méthode pratique de langue anglaise, permettant d'apprendre à la parler et à l'écrire même sans l'aide du professeur.

PAR

J. FOUGERON

Professeur agrégé au Collège Rollin

L'ALLEMAND

COURS ÉLÉMENTAIRE de LANGUE ALLEMANDE

Par **Charles FEUILLIÉ**

Professeur agrégé au Lycée Janson de Sailly

LA COMPTABILITÉ

MÉTHODE PRATIQUE & FACILE

Par **M. CLAPERON**

Professeur à l'École des Hautes Études commerciales
au Collège Chaptal
à l'École J.-B. Say et à l'École coloniale

L'ARITHMÉTIQUE

COURS COMPLET

Par **Henri BUISSON**

Licencié ès-sciences mathématiques
Professeur agrégé à l'École J.-B. Say

Les Cours sont séparés et peuvent former des volumes indépendants les uns des autres

LIBRAIRIE DES PUBLICATIONS MODERNES, 18, Rue Montmartre, PARIS

L'ÉDUCATION

ABONNEMENTS

Paris et Départements. . . .	Un an.	20 francs
—	Six mois. . .	11 »
Étranger.	Un an.	22 francs
—-	Six mois . . .	12 »

PRIME GRATUITE
A TOUS LES ABONNÉS D'UN AN

Tous les abonnés d'un an recevront en **prime gratuite,** un magnifique volume de **600 pages,** contenant un grand nombre de gravures et ayant pour titre : la **Maison Illustrée.**

Ce volume renferme des recettes, des procédés, des moyens de faire soi-même et à peu de frais quantité de choses utiles au ménage; des jeux, des poésies, des problèmes, etc.

Pour les abonnements à **l'Éducation,** s'adresser ou écrire à l'Administration, en envoyant un mandat-poste : 18, rue Montmartre, Paris.

L'ÉDUCATION

Faire une œuvre utile à tous : jeunes gens qui se destinent au Commerce, à l'Industrie, à l'Armée, etc.; adultes, appelés, soit pour les transactions internationales, à avoir besoin des langues étrangères; soit, pour leurs maisons, à avoir à vérifier leurs livres de comptabilité; tel à été le but de cette publication.

Nous avons commencé par les Cours les plus utiles : l'**Anglais**, l'**Allemand**, la **Comptabilité** et l'**Arithmétique**. Les noms des Professeurs choisis dans l'Université nous évitent l'éloge que l'on pourrait faire de cette publication.

Ces Cours terminés seront immédiatement suivis d'autres Cours : à l'Allemand succédera l'**Espagnol**, à l'Anglais succédera l'**Italien**, à la Comptabilité succédera la **Bourse**, etc., etc.

LES ÉDITEURS

UN NUMÉRO TOUTES LES SEMAINES

50 CENTIMES

Maisons-Laffitte. — Imprimerie J. Lecoffre

9 782019 188986